水利工程建设项目管理

贾志胜　姚洪林　张修远　主编

吉林科学技术出版社

图书在版编目（CIP）数据

水利工程建设项目管理 / 贾志胜，姚洪林，张修远主编．-- 长春：吉林科学技术出版社，2020.7
ISBN 978-7-5578-7247-2

Ⅰ．①水… Ⅱ．①贾… ②姚… ③张… Ⅲ．①水利工程－基本建设项目－工程项目管理 Ⅳ．①TV512

中国版本图书馆 CIP 数据核字（2020）第 140054 号

水利工程建设项目管理

主　　编　贾志胜　姚洪林　张修远
出 版 人　宛　霞
责任编辑　张延明
封面设计　李　宝
制　　版　宝莲洪图
幅面尺寸　185mm×260mm
开　　本　16
字　　数　240 千字
印　　张　10.75
印　　数　1-1500 册
版　　次　2020 年 7 月第 1 版
印　　次　2021 年 5 月第 2 次印刷

出　　版　吉林科学技术出版社
发　　行　吉林科学技术出版社
地　　址　长春净月高新区福祉大路 5788 号出版大厦 A 座
邮　　编　130118
发行部电话 / 传真　0431—81629529　81629530　81629531
　　　　　　　　　81629532　81629533　81629534
储运部电话　0431—86059116
编辑部电话　0431—81629520
印　　刷　保定市铭泰达印刷有限公司

书　　号　ISBN 978-7-5578-7247-2
定　　价　45.00 元

前 言

随着我国建筑业管理体制改革的不断深化，以工程项目管理为核心的水利水电施工企业的经营管理体制，也发生了很大的变化。这就要求企业必须对施工项目进行规范的、科学的管理，特别是加强对工程质量、进度、成本、安全的管理控制。水利工程建设项目管理是一项复杂的工作，项目经理除了要加强工程施工管理及有关知识的学习外，还要加强自身修养，严格按规定办事，善于协调各方面的关系，保证各项措施真正得到落实。在市场经济不断发展的今天，施工单位只有不断提高管理水平，增强自身实力，提高服务质量，才能不断拓展市场，在竞争中立于不败之地。因此，建设一支技术全面、精通管理、运作规范的专业化施工队伍，既是时代的要求，更是一种责任。

我国水利工程大多兴建于20世纪六七十年代，当时的技术发展水平相当有限，而且资金短缺，这些都制约了水利工程建设水平的提高。随着经济的快速发展，对于水利工程的要求也日渐提高，现存的部分水利工程设施已经不能很好地适应当今发展的需求。特别是有些水利工程出现的软基、渗漏、淤积等问题，已经影响到了水利工程的基础作用的发挥。水利工程存在的病险严重影响了它最终效果的发挥。甚至有些水利工程存在的险情对下游的人民造成了生命和财产的威胁。如果水利工程出现问题，带来的损失将是难以估量的。可见，水利工程基础设施薄弱是水利工程现存的严重问题。

立项是项目建设的第一道环节和关口，从根本上决定着项目的成败，将对经济社会产生重要影响。立项是一项综合性的学科，涉及自然、社会、经济、政治等方方面面，其目标是在技术可行、经济合理的条件下，通过实施工程项目，创造出最好的经济、社会、生态效益。项目立项一般要求有比较全面、科学的可行性研究报告和经济技术比较方案，但在一些地区和单位，在项目前期没有作必要的可研论证，没有搞清当地水资源、生产、人文、经济水平、群众意愿等情况，就立即上马，结果工程运行效益差，引起群众不满意和反对；也有立项受到行政指令干扰的现象，为搞所谓的“形象工程”“政绩工程”，使得工程设计、施工及运行管理脱离实际，脱离群众，造成资金和资源的浪费。

目录

第一章 水利工程介绍

第一节 水利工程造价分析

水利工程造价是一项集经济、技术、管理于一体的学科，对水利工程的施工、竣工全过程起到管控作用。要有力地控制工程造价，减少建设资金的浪费，就要根据市场情况，制订出合理的工程造价计划，并且严格的按照计划实施。本节首先分析了水利工程造价的影响因素，然后根据水利工程造价目前的发展现状，制定了相应的解决策略，帮助水利工程建设工作更好地开展。

一、水利工程造价的主要影响因素

水利工程造价的主要影响因素有直接工程费亦即制造成本、间接费、利润及税金三部分构成。工程造价的管理内容涉及工程的建设前期、建设中期和建设后期等全方面，与工程项目的各个阶段和环节密切相关，并且容易受到各种外部情况的影响。施工阶段是水利项目消耗资金的重要环节，对施工过程进行工程造价管理，有利于保证工程质量、降低施工成本、保证施工进度，因而有必要对水利工程造价的施工阶段进行造价控制，以达到保障证施工质量的情况下有效降低成本，保证进度，使水利工程的建设有序进行。

二、水利工程造价的发展现状

（一）信息时效性影响造价管理

工程造价的信息资料包括各种造价指标、价格信息等资料，带有新时代的资源分享性能，分享的信息具有时效性和有效性。但是，由于市场体系中存在种种客观及主观原因，使信息资源分享的时效性与有效性无法得到保证，各地区的造价管理部门不能及时发布市场的价格信息，导致水利工程的工程造价管理人员对信息资料无法及时掌握和使用，使造价管理不符合市场的发展。这种情况极大地影响了造价文件的编辑质量，给水利工程进行造价管理带来不良影响。

（二）造价控制理念发展的不完全

目前，我国的水利工程建设事业缺乏科学的造价控制理念，很多水利工程建设企业仍旧将造价控制工作停留在预结算层面，使造价控制缺乏应对风险的应变能力，导致水利工程建设过程存在安全隐患，造成施工过程中成本增加或资源浪费的现象的发生。在水利工程的建设过程中，由于缺乏对施工项目进行事前预算，导致施工过程中容易出现资金不足或资源浪费的现象，比如预算过高，导致工程原材料购买量过多，造成材料的浪费；如果预算过低，那么在施工过程中，将会出现由于成本不足使施工质量下降的情况，导致经常受到返工要求，使施工进度遭到拖延，耽误水利工程的建设与发展。所以要加强各个阶段的造价控制，要集中对可能造成造价偏差的因素进行归纳总结，并提出相应的纠偏措施，并且制定合理的人力、物力以及财力的使用方案，确保工程实施过程中投资控制的合理性，保证工程整体取得良好的经济效益和社会效益。

（三）工程造价人员的素质有待提高

由于我国工程的施工人员普遍来自农村，所以综合素质普遍不高，而且管理人员缺乏一定的管理能力，导致工程建设项目的施工过程中容易出现管理方面的问题，如工程量清单及工程设计变更增加的现象。这些问题的出现给工程造价带来一定的影响，使工作难度增加，从而导致工程结算额超出预期额度。

三、完善水利工程造价管理的策略

（一）建立健全水利工程造价管理体系

首先，在制定水利工程造价管理体系之前，先加强水利工程各部门之间的联系，协调好各部门之间的关系，确保各部门之间沟通紧密，从而使得水利工程造价管理制度能够贯彻到单位内部，使管理效果更加有效。其次，要完善水利工程造价管理体系，首先需要从制定水利工程造价管理制度开始，建立健全工程造价的管理体系，制定相应的监督管理制度，对水利工程造价进行优化，确保水利工程造价管理工作更好地进行。

（二）在项目开始前进行合理预算

在水利工程项目开始施工之前，开展造价管理的工作，对项目工程做出合理预算。在进行预算核算时，要减少资源浪费，减少移民搬迁数量，降低移民安置难度，采用新工艺、新材料，以经济效益最优的方法选择方案，有效减少施工成本。还要加强筹划资金的工作，充分评估资本金、借贷资金比例变化对降低资金使用成本的影响，优化工程造价的资金预算工作。

（三）对项目实施过程进行动态控制

水利工程项目建设周期一般比较长，在工程施工时一般容易出现材料价格与预期的数值有偏差，使工程造价存在误差。比如钢结构材料近年来价格波动比较大，而且在水利工程项目施工中需要大量用到钢结构材料，对水利工程造价总额会造成较大影响，这就要求我们及时整理相关价格调整的资料，结合最新的市场信息进行分析，尽可能预测和分析各种动态因素，有效防止价格风险，使造价动态管理作用于水利工程施工的全过程。

（四）提高工程造价管理人员的专业素质

在工程造价的管理进行时，由于缺少专业型的工程造价管理人才，导致工程造价工作无法得到发展。所以要对参与工程造价的工作人员进行定期的培训，提高工程造价制定的科学性，还要加强管理人员的管理培训工作，使水利工程的管理效果得到强化，促进水利工程造价企业的更好发展。

综上所述，水利建设工程是我国水资源分配的一个重要内容，随着我国经济的不断发展和综合国力的上升，国家也逐渐加大对水利建设投资。水利工程造价管理是进行水利工程建设的第一步，对项目施工的事前、事中、事后阶段进行造价管理，有利于实现各个程序间的合理控制及工程施工成本的减低。有利于促进水利工程建设的科学、有序地进行，对推动我国的经济发展和基础设施建设有着重要意义。

第二节　水利工程测量技术

随着我国市场经济不断地发展，衍生出了很多新型行业技术，其中水利工程项目也不断增多，因而也要求水利工程探测技术可以向网络化、自动化的方向发展，换句话说，随着我国经济的不断发展对水利工程测量技术水平的要求也在不断地提高。文章首先分析了水利工程测量技术当前的发展状况，其次分析水利工程各种测量技术在实际应用过程中的优势，最后对使用水利工程测量技术出现的问题制定了具有针对性的对策，希望这些对策可以在水利工程测量技术的实际应用中起到良好的效果。

通过对我国当前的市场经济进行分析可以发现，水利工程在我国国民经济中占有重要的比例，它的重要性不言而喻。但是，由于许多外界因素的影响，导致水利工程项目的市场竞争十分严峻，为了能够在残酷的竞争中脱颖而出，有些企业就会降低招标的金额，然后在水利工程建设过程中使用劣质的材料，导致水利工程的质量存在很大的问题，所以，对水利工程的质量进行测量就显得十分重要，针对水利工程测量的各种要求发展出了多种多样的测量技术，通过测量技术及时查验出水利工程质量的不足之处，对一些不符标准之处及时采取有效措施进行改正，通过合理的使用能够测量技术来不断提高水利工程的质量，这不仅可以让企业的利益达到最大化，也在很大程度上影响着我国测绘事业的发展。

一、水利工程测量技术的发展分析

（一）数字化

目前，在水利工程测量中应用的数字测量技术种类很多，比如网络技术、计算机技术、信息技术等都在水利工程测量技术中得到了很好的应用，这就对测量技术在数字化这一特点上有了更高的标准和要求。通过使用数字技术可以更有针对性的对需要的区域进行标记甚至形成更直观的、更专业的地形图，测量技术的数字化应用可以提高水利工程中测绘成图这一过程的效率，也使水利工程的质量得到了一定的提升。随着数字化的发展使水利工程测量技术在一定的程度下改进了传统的测绘方式，并且在网络技术的作用下还可以很明显的提高数据的传输速率，缩短了水利工程测量工作的时间，也可以在信息技术的协助下进行成比例的缩放地形测量图，实现水利工程对测量环节的诸多需求。

（二）自动化

为了测量到更多的、真实的数据，最终为水利工程提供全面的勘测数据，水利工程测量技术的自动化发展是其必然的趋势，这种自动化测量技术的应用可以对目标区域进行24小时的全天监控，可以随时在数据系统中抽调数据，满足了水利工程对于测量数据的各种需求。目前对于测绘技术自动化发展过程中最有意义的一项突破就是与“3S”技术联合使用，通过在测绘技术中使用“3S”技术可以不用接触实际工程对象就可以获得所需要的测量数据，还可以对这些数据进行信息处理，自动对数据进行识别、分析，对达不到标准的数据及时地进行报警。这两项技术的联合应用，可以在很大程度上简化测量工作中的一些环节，减少了人们的工作，也避免了许多人为操作带来的误差，进而更好的根据水利工程测量工作的需求进行测绘工作，为水利工程的质量打下良好的基础。

二、工程测量技术的应用分析

（一）GPS测量技术

GPS全球定位测量技术是通过卫星技术对施工作业目标物体进行定位的一种方法，GPS技术通常被人们分为动态定位测量和静态定位测量两种，根据水利工程中的实际测量需要采用合适的测量技术。静态定位测量是以前常用的一种测量技术，因为它的操作比较简单，主要是通过GPS接收机对作业地点进行测量，虽然获得的数据比较准确、快速，但是这种技术多被用于较大规模的建筑测量，不适于小规模的建筑测量。动态定位测量才是我国现阶段最为常用的测量技术，它的优点就在于这种技术可以适应多种环境，在大型、中型工程中都可以使用此种测量技术，在一些环境比较恶劣，如野外也可以利用这种技术，并且通过使用动态测量技术获得的数据也比较精确，是目前应用范围最广的一种测量技术。GPS 测量技术操作简单，对工作人员的要求不高，工作人员只要会使用测量仪器，就能得到所需要的数据，所以可以在很大程度上缓解工作人员的压力，也在一定程度上保证了测量数据的真实性。

（二）摄影测量技术

摄影测量技术是通过把摄像技术与数学原理融合到一起来进行测量的一种方法，简单来讲，就是通过摄影技术把之前测量得到的数据以图片的方式表现出来，在根据数学原理对图片的内容数据进行分析处理，在线路测量中经常可以看到摄影测量技术的身影。摄影测量技术常常被用在地形复杂、结构不明朗、测量地点面积大的区域。遥感测量技术是所有技术中应用范围最广、使用价值最高的一种测量技术，因为这种技术在多光谱航空领域中也可以使用，即使在多光谱航空领域中使用遥感测量技术获得的数据的准确性也十分的高，并且数据也很全面。在使用遥感测量技术开展多光谱航空测量时，负责拍照的工作人员要具备一定的专业素养，通过 RS 测量方法对取得的数据进行研究分析，最后将数据资源在实际工作中进行应用，遥感测量技术的应用较大程度上加强了测量工作的质量。

（三）变形监测技术

变形监测技术主要是通过使用全站仪设备来进行测量的一种测量方法，全站仪的工作原理主要是将检测目标的范围压缩在一定的空间内，根据立体式监测方法保证测量数据的准确，这也保证了使用变形监测技术测量数据的准确性，并且这项技术在使用过程中费用不高，性价比较高，对于一些经济实力较为落后的边远地区，采用变形监测技术较多。另外变形监测技术要求在测量的整个过程中都要实现全自动的运作，这样保证了工作人员在工作过程中的安全，也避免了一些人为的测量误差，最终可以有效地监测出测量数据，保证了测量环节的工作进度，但是变形监测技术也有其不能避免的缺点，准确来说就是测量周期较长。

（四）数字化测量技术

数字测量技术是通过把电子仪表、ERP 系统和全站仪组合到一起联合使用，然后针对目标区域进行数据信息收集，换句话说，数字测量技术不仅是通过数字进行反馈和分析处理，它主要是通过使用多种数据处理系统与仪器共同进行数据分析的一种测量技术，对于目前我国工程测量技术来说，数字测量技术是其中比较新型、比较先进的测量技术。在一些工程中，由于一些环境的影响，如一些比例尺较大的工程图纸中，在录入输入方面就存在一定的困难，但是若使用数字测量技术，就可以在很大程度上解决这一问题，突破了传统的工程测量技术的局限。而且工程测量的工作人员可以根据工程中实际的情况使用一些方法，在保证工程质量的条件下，加快数字处理的速度。简而言之，数据测量技术的使用依托于水利工程建设时收集的数据信息，所以在使用数字化测量技术之前就应建立一个内含庞大数据信息的数据库，这对于科技信息日新月异的大数据时代，早已不再是一个问题，在庞大的数据信息的支持下，保证了数字化测量技术的准确性。

三、提升施工质量控制的对策

（一）科学管理测量技术的过程

每一项水利工程项目的实施都是不可复制的，因为水利工程的建设是需要考虑地理环境、气候、温度等多方面因素的影响，根据这些因素制定合适的施工方案。所以不同的水利工程在进行工程测量的时候就需要合理的应用适宜的测量技术，在测量工作开始之前要通过一些方法对各种影响因素进行有针对性的分析，然后根据这些分析结论选择更为合适的测量技术手段。与此同时，在现代社会不断发展的同时也要注重测量技术的未来发展，若将数字化、信息化的新型技术应用到测量技术中去，一定会提升测量技术测量数据的输出效率和可信赖性，这样才能做好水利工程的各个环节的设计和施工方案，为水利工程的质量打下良好的基础。

（二）强化测量施工人员管理，提升测量施工质量

（1）对于有些测量技术来说，可能有些技术对工作人员的专业能力要求不高，但是有些技术对于工作人员的专业程度要求很高，因此负责水利工程测量的工作人员必须掌握基础的测量方法和相应的测量设备的正确熟练地使用，只有对测量技术和方法详细掌握，才能对临时突发的各种状况采取有效的处理办法。

（2）测量的工作人员必须能看懂图纸，并对正在施工的设计图纸要十分的熟悉：因为只有熟悉水利工程的设计图纸，才能明确该项水利工程的设计思路、设计结构和其未来的作用，才会根据设计图纸选择更为合适的测量技术和测量设备。

（三）强化测量仪器的管理，保障施工效果

在水利工程实际测量环节，测量技术人员必须正确的按照规范操作各种设备，并且对于这些设备要定期地进行维修保养，因为工作人员操作不当或是仪器精度不够灵敏，就会导致获得的测量数据存在较大的偏差，这种偏差哪怕只是小小的偏差对于整个工程质量的影响都是巨大的。所以，测量技术人员必须做到：

（1）在设备安装过程中要选择较为平坦、土壤质地较硬的区域安装测量工具，并做好固定工作，避免在以后的工作之中因为人为的因素造成水利工程质量的大幅度提高；

（2）在使用工具进行测量工作时一定要注意保证设备的安全，在移动过程中一定要轻拿轻放，避免设备的损坏；

（3）设备在使用后一定要注意保养，在一定时间内查找设备可能存在的问题，及时解决。

简而言之，水利工程中的测量技术在整个水利工程施工过程中的重要性是不言而喻的。若想要水利工程的质量得到保证，水利工程也能稳步的推进，就要求水利工程测量技术要不断地进行提高和优化，并且要在水利工程施工过程中建立明确的管理制度，明确各个主体在施工中的权利和责任，监测整个工程中每一个环节的数据，掌握整个工程中每一个环节的质量，最终保障人民的生命财产安全，使水利工程的效益得到最大化。

第三节　水利工程勘察选址

随着国民经济的快速发展，各方面的需求也在迅速增长，水利工程是我国的重点工程，与区域经济有着非常密切的关联。近年来，我国水利工程勘察选址技术日渐成熟，在保证勘察技术先进性的同时，勘察人员综合素质也得到了普遍提高。但是，从当前水利工程勘察选址工作情况来看，仍然存在不少问题需要解决，其中，最重要的是对水利工程选址分析不深入、不具体，甚至存在错误选址问题，严重阻碍了水利工程顺利建设，因此，需要了解水利工程勘察选址工作的重要性，以便更好地提高水利工程质量，让水利工程建设发挥出应有的作用。

一、水利工程勘察选址工作概述

（一）意义

水利工程勘察选址工作通过先进的勘察手段获取施工区域水文、地质等方面的信息，为后续工程建设提供基础。主要勘察手段包括：采样勘探、坑地勘探、钻井勘探、遥感监测等方式，需要结合现场实际情况来确定勘察方式。通过分层开展水利工程勘察选址工作，对施工区域水文、地质信息进行深入了解，分层次开展勘察工作。在勘察选址设计阶段准确了解施工区域的水域、环境等内容，掌握这部分区域的灾害状况、地质信息，然后，对施工区域地质结构、环境因素、灾害预估等问题进行分析、探究，确保水利工程设计能够有效落实，在此基础上进一步完善水利工程初始设计，结合施工区域实际情况，合理控制施工技术、工艺、装备，促进水利工程选址勘察质量的提升。

（二）作用

水利工程勘察选址不同于其他建筑，工作更为复杂。在水利工程建设过程中，部分建筑要建于地下，并长期承受地下水流和周边外力的冲击，在建筑使用过程中会对周边水文、地质条件产生影响，甚至会导致不稳定因素的出现，严重影响水利工程的整体稳定性。因此，要重视水利工程勘察选址工作，必须实地对施工区域进行全面勘察，对可能存在的各类灾害性因素进行评估，提出必要的方法措施，确保水利工程建设顺利开展。

二、水利工程勘察选址中需关注的问题

（一）环境方面

水利工程勘察选址工作过程中需要关注工程对于周边环境带来的影响，在勘察选址过程中需要采取有效手段预测、分析工程建设可能出现的弊端，而且由于不同区域的水文、地质环境存在较大差异，还具有显著的区域特性，因此，在不同施工条件、不同工程项目、不同建设区域的水利工程勘察选址所面对的环境因素都是各不相同的，而且在水利工程建设完成后会改变周边区域气候，造成该部分区域的水流、气候、生态环境等要素发生变化，所以，在水利工程勘察选址过程中需要关注环境方面的问题。

（二）水文方面

水利工程建设会影响施工区域水文状况，一般情况下，水利工程会在汛期储存大量水资源，在非汛期还会对水资源进行调配，容易造成周边地下水位的下降，进而影响周边河流及生态环境，河流水流量的降低会造成河流自净能力的减弱，严重时会造成水质恶化显著。

（三）质量方面

水利工程勘察选址工作过程中需要选择适宜的计算方法、理论进行数据计算，力争减小与实际情况之间的差距，针对各理论公式要灵活运用，采用理论与实际相结合的方式进行处理。在形成水利工程勘察选址报告时，要确保内容丰富，将选址地点的各类优势、弊端进行详细分析，现场实际考察要确保全面，各项内容的论证要保证清晰、完善；在选址报告中还要对施工区域的整体进行可行性分析，力争一次性通过审查，避免延误工期的情况出现。

（四）技术方面

不同地区的水文、地质、气候、环境等条件都是不同的，会给水利工程的勘察选址工作造成一定困难，受当地条件影响，各类技术活动无法有效展开，因此，需要在水利工程勘察选址工作开展前制订详细计划，以科学技术作为指导，结合工程现场实际情况，分析选择区域的人口、地质、水文、环境等要素，因地制宜，努力保障水利工程勘察选址报告的科学性、合理性、有效性。

三、水利工程勘察选址工作的主要内容

自然条件下能够为水利工程提供完美地址的较少，特别是对地质条件要求高的工程项目，更无法彻底满足水利工程建设要求。水利工程建设的最优方案本质上是一个比选方案，在水文、地质等条件上依然会存在一些缺陷。这就要求在进行水利工程建设选址时，要综

到上游和下游的地质变化、水文变化造成河道泥沙淤积等问题。更有甚者，会造成水温情况的上升，从而对河中生物产生不利影响，造成河中生物的死亡或大量水草的蔓延。

（二）对陆生生态环境造成影响

建设水利工程之后不但会对水文地质产生影响，也会对陆生生态环境造成不同程度的影响后果。因为在建设水利工程的过程中，周围土壤的挖掘、运输，包括水流的阻断对下游产生的灌溉以及周围陆生动植物的给水供给都会产生影响。经过长时间的给水不到位，就会造成生态环境链的断裂，即便是后续施工结束，也很难恢复到以前的生态环境。在注重施工过程中保护水文环境以及陆生生态环境的同时，还要注重施工过程中生产生活污水的处理排放对生态环境的影响。往往在施工过程中会造成植被破坏、动物迁徙以及动物在迁徙途中因为食物或水的缺失而死亡。这些问题都应该是我们所更加关注的，人与生态环境应该互相并存，因此，我们在施工中应该尽可能地减小施工对陆生生态环境的影响。

（三）对生活环境造成影响

一般情况下，在水利水电工程的建设过程中，施工场地都要大于建设用地。因此往往要占用一些土地来为工程建设施工提供便利。在水利工程中，一般会对部分的沿岸居民以及可能会受到工程施工影响的居民提出安置迁徙的要求，这也是水利工程施工对人类生活环境造成最直观的影响后果。其次就是对沿岸耕地的影响，会将沿岸耕地的土质变为土地盐碱化或者直接变成沼泽地。与此同时，也可能对当地的气候产生影响，而且如果出现安置调配不合理的情况，还可能造成二次破坏的后果。

二、水利工程建设环境保护与控制的举措

水利工程的建设使我们深深感受到了其所带来的有益之处，但是，如果不正确处理好水利工程建设与生态环境之间的关系，合理保护生态环境，那么水利工程就不能发挥正面影响。因此，合理建设水利工程，保护生态环境，控制环境污染的负面影响，我们可以从以下几个方面入手：

（一）建立环境友好型水利水电工程

环境友好型水利工程，即让水利工程与生态环境和平发展，让二者相互依存，相互影响，最终促进二者的良性发展。在这一环节，首先要立足于现状，建立水利工程建设流域的综合规划体系。据相关报道，现阶段我国水利水电建设正处于转型的重要阶段。因此，我们应该抓住机会，从实际情况出发，发挥水利工程建设的整体优势，促进环境和水利工程的统筹发展。其次，我们应该加强对江河领域周边环境的实地调研查看，调研内容主要包括：地形地势特点、水文环境信息以及周边所住居民情况。通过加强对江河流域的调研工作，建立江河领域生态保护系统，加大监督保护力度，让水能资源真正做大取之不尽，用之不竭。

（二）提高技术研究水平，突破现有的生态保护工作格局

据相关报道，在世界很多发达的欧美国家，其过鱼技术的应用十分广泛，并且配套设施的设置也具有相当高的科技水平。但在我国水利工程建设中，科学技术的利用率远不及发达的欧美国家。因此，我们可以总结欧美国家在这一领域的经验教训，引进过鱼技术和相关配套设备，加强高科技的投入力度，在永久性拦河闸坝的建设工作中，通过利用该技术和相关配套设备，增加分层取水口的数量，从而保护周围环境的良性发展。除此之外，我国的分层取水技术仍处于落后地位，因此我们可以学习该技术发展完善成熟的国家，引进建立研究中心的施工模式，提高我国的分层取水技术的质量水平，最终促进我国水利工程建设向着环境友好型而迈进一步。

（三）生态调度，补偿河流生态，缓解环境影响

我们在调整水利水电现在的运行方式的过程中也应该多向发达国家学习，通过他们的成功案件总结经验结合我国现实情况将工程的调度管理加入生态管理，同时应早日争取实现以修复河流自然流域为重点发展方向。在工程建设中应合理安排对生态环境的补偿，借鉴我国成功的水利工程建设经验，如：丹江口水利工程中，通过增加枯水期的下泄流量，进而解决了汉江下流的水体富营养化问题；太湖流域改变传统的闸坝模式，从而对太湖流域水质进行了改善，真正做到了对河流生态系统的补偿，缓解了水利工程建设对环境带来的负面影响。

（四）建设相关规程和保护体系，多途径恢复和保护生态环境

水利工程建设给周边环境造成的负面影响大多是不可逆的，因此，我们应该针对问题出现的原因进行充分探究，并有针对性地进行综合治理。除此之外，我们还应该从实际出发，因地制宜。在这一环节，我们可以借鉴以往成功的水利工程建设案例，找到可以引荐的经验。例如：可以通过人工培育的方法，降低水利工程给水生生物带来的负面影响；采用气垫式调压井，对工程流域的植物覆盖率进行有效保护；利用胶凝砂砾石坝，减少对当地稀有资源的利用率；修建生物走廊，重建岸坡区域的植被覆盖；加强人工湿地的设置等等。总而言之，对水利工程周边的环境进行保护和控制是多方面的，要树立综合治理的理念，改变传统的环境保护体系，加强技术的投入力度，针对建设区域的实地情况，建立符合当地情况的环境保护规章制度和保护体系。

综上所述，在当今社会发展进步的过程中，我国建设的各项水利工程发挥出了重要作用。这其中在水利运输与发电以及农业灌溉与洪涝灾害等方面充分体现出了我国水利工程建设的强大。因此，在注重水利发展的同时我们更加要注重保护生态环境，应充分考虑到生态环境与水利发展利弊，权衡可持续发展的可能性，因此我们需要寻求一种良好的机制完善的措施，以此为我国水利工程的发展提供可持续的强有力的保障。一般来说，水利工程建设对周边环境造成的负面影响大多是不可逆的，因此，我们应该针对问题出现的原因

进行充分探究，并有针对性地进行综合治理，改变传统的环境保护体系，加强技术的投入力度，针对建设区域的实地情况，真正为建立环境友好型的水利水电工程贡献力量。

第四节　推进“诚信水利”护航水利工程建设

水利部高度重视水利信用体系建设，经过10余年的有序推进，水利行业信用体系建设成绩斐然——信用越来越成为水利工程建设市场的重要“通行证”。承担水利行业信用体系建设主要工作的中国水利工程协会被国家发展改革委员会列为推进行业信用建设的试点单位。

一、健全规章体系夯实制度基础

水利行业信用体系建设是在水利部的领导下与建章立制的基础上开展起来的。自2001年起，水利部相继制定了《关于进一步整顿和规范水利建筑市场秩序的若干意见》《水利建设市场主体信用信息管理暂行办法》《水利建设市场主体不良行为记录公告暂行办法》等。2014年，水利部、国家发改委联合印发《关于加快水利建设市场信用体系建设的实施意见》，并在中国水利工程协会多年开展信用评价工作的基础上，印发《水利建设市场主体信用评价管理暂行办法》及标准，确保了水利行业信用等级评价工作的规范、统一和公平、公正。

各种诚信规章制度的建立和完备以及信用评价工作，推动了水利行业信用体系建设，对于规范水利建设领域市场主体行为，建设良好守信的水利建设市场环境发挥了重要作用。

二、建设互联平台实现信息共享

建立统一的行业信用信息平台是行业信用建设的“基础之基础”。2010年，中国水利工程协会建成“全国水利建设市场信用信息平台”，成为水利行业信用建设对外展示与服务的重要窗口及信用信息采集、发布、查询和监督的主渠道。2014年，在水利部的推动下，《水利建设市场主体信用信息数据库表结构及标识符》行业标准制定完成，为促进信用信息的互联互通奠定了基础。目前，信息平台共收录和发布水利建设市场主体信用信息100万余条，从业单位1万余家，从业人员信息73万多条；公布工程业绩信息19万余项，良好行为记录信息5万余条；公布不良行为处理决定227个，涉及420家市场主体。平台已与辽宁、湖南、贵州等9省实现了互联互通和资源共享，已为湖北、江西、青海等7省开放了数据接口。

三、开展信用评价引导行业自律

开展信用等级评价工作，是规范水利建设市场主体行为，提高企业诚信意识，维护市场公平竞争，加强行业自律的重要抓手。2009年，在水利部领导下，中国水利工程协会开始了全国水利建设市场主体信用评价工作。2015年，水利行业开始建立由水利部统一组织、行业协会承担具体工作、各省级水行政主管部门广泛参与的“三位一体”信用评价模式，得到了市场主体的积极响应，也使行业信用评价工作步入更加科学、规范、有序、高效的轨道。目前，全国已有4698家水利建设市场主体取得了信用等级，特级、一级水利施工总承包单位参评率已达83%；甲级水利工程监理单位参评率已达80%；参评企业类型涵盖施工、监理、质量检测等8类市场主体，涉及全国6个流域、31个省（市、区）。

褒优惩劣是信用建设的核心。全国水利建设市场信用信息平台开设了“诚信红名单”，对631家AAA级诚信单位进行滚动式宣传；发布“诚信黑名单”，曝光严重失信企业9家。广东、湖南、江西等二十几个省级水行政主管部门在市场准入、招标投标、资质监管、评优评奖中出台办法或指导意见，积极运用信用等级评价结果。

“诚信是金，失信是耻”，水利行业信用体系建设使越来越多的水利建设市场主体意识到信用的重要。2016年以来，中国水利工程协会9007个单位会员和360762名个人会员中已有6277个单位会员和76333名个人会员主动签订了诚信公约和诚信准则。在水利部的领导下，水利行业信用体系建设正不断向广度和深度拓展。

第五节　水利工程建设中的水土保持设计

随着国家经济的快速发展，人们的生活质量水平不断地提高。给环境带来很大的问题。特别是工业发展严重损害水资源，最终将导水资源枯竭，为可持续性利用资源，基于可持续发展，人类寻求最大的效益，其中，水土保持是当前水利工程建设中维护水资源较为可行的措施。

一、水利工程产生水土流失的特点

（一）水利工程建设施工削弱现有的土壤强度

在水利工程的建立过程中，排弃、采挖等生产作业都需要用到现代化机械设备，这会大大削弱现有的土壤强度。在侵蚀速度不断加快的同时，运动形式也处于不断变化的状态，导致原有的水土流失发生规律发生了巨大变化。这样不仅会影响施工环境周边的水土强度，还会造成水土流失不均匀的现象。

（二）水利工程建设施工所导致的水土流失是不可逆的

一般来说，自然形成的水土流失相对来说是可恢复的，但水利工程建设施工所导致的水土流失是不可逆的。目前，随着国内水利工程建设的发展与创新，政府和企业开始加强自身的水土保持意识，很多水利工程建设在施工之前都会进行实地勘察，在研究科学设计方案的基础上，减少水土流失的可能，使设计方案与施工环境最大限度地相互包容，大大减少了水土流失现象的发生。

二、水利工程建设中水土保持工作的可持续发展作用

（一）提升水资源的利用率

现阶段经济飞速发展，导致生态环境遭受巨大破坏，特别是水土流失导致水资源利用效率不断降低，多发洪涝灾害，使得水资源质量越来越低。为高效利用水资源，须搞好水土保持工作，逐步优化国内水土资源，促使水资源高效利用，创造更大的经济及社会价值。

（二）积极影响国家的宏观经济发展

水土保持在维护自然生态环境上起到积极作用，推动了国民经济的宏观发展。水土流失引发的灾害，给国家经济造成了巨大的损失，强化水土保持，可有效规避以上灾害，促使经济不断发展，为此，水土保持在促进我国经济宏观发展上具有突出作用。

（三）减少水质污染，提高水环境品质

水土保持可较好提升水环境质量，围绕水源保护开展工作，促进一体化治理有效实施，充分建设生态保护、生态治理，生成一套完备的水土保持防护系统，减少当前环境污染给水资源带来的损害，从整体上提升水环境质量。

三、水利工程水土保持措施分析

（一）确保生物多样性

围绕生态优先，与生物多样性原则展开水土保持设计，是指借助地方物种，构建生物群落，以保护生态环境。生物多样性包括生物遗传基因、生物物种与生物系统的多样性，对维护生态物种多样性有着现实意义。

（二）注重乡土化设计

乡土植物环境适应性强，对生态环境恢复有着积极促进作用。不仅恢复生态环境效果显著，同时成本低，合理搭配可显著提高经济与生态效益。

（三）应用生态修复新技术

针对地势陡峭、降雨量小、土层瘠薄的水利工程建设，水分、土壤对施工区的生态恢复影响大；对此，可引用新型的生态修复技术、材料等，减少施工对水土流失的影响，同时确保生态恢复效果。

（四）加强宣传

水土保持工作，作为与人们生活质量相关联的公益性工程，首先人与自然间应和谐相处。其次利用现代媒体影响，提高群众对工作展开的认识与责任，以及水利工程建设的监督意识。最后各部门应当合理借助群众力量，确保水土保持工作顺利展开。

（五）综合治理

水利工程建设中，应当加强对堤防、蓄水与引水等工程的认识，改善坡形与沟床，切实预防水土流失。挖方区需设置排水渠、截流沟、抗滑桩、挡土墙等工程措施；降低重力侵蚀影响。回填区应整理坡形，同时敷设林草，减少施工中的水蚀风蚀等侵蚀。临时占地加强防护与以整理、补植。施工中的弃渣循环利用。沟道内需设置谷坊、淤地坝等治沟工程，减少边坡淘涮。临时生活区禁止向农田排放污水与生活垃圾。

（六）提供资金支持

为促使水利工程各项工作有序实施，要求技术人员务必做好资金保障工作。因为水利工程建设严重破坏水土，但这和工程资金链供应直接相关。资金为维持水利工程建设十分重要的一类因素，但在具体水利而在实际工程施工时，各流程均要遵照有关法律及法规来执行，马上制止出现的违规行为，同时在此前提下，编制合理有效的水利工程施工方案。有效预算各施工资金情况，如此避免各方面发生超预算。同时，在给水利工程项目立项过程中，严厉审查施工单位，符合审查条件后，方能进行投标。

水利工程具有时间长影响广对生态破坏较大等诸多特点，所以水利工程中更应该注重水土保持措施的开展。水土保持措施一般包括了生态措施、工程措施和临时措施，而针对水利工程的特殊性，往往这几种形式的措施要综合使用，同时水利工程的措施要分部分区的进行使用。水利工程施工环节复杂，施工工序不同对场地带来的影响也不同，所以必须根据水利工程每一工序的特点进行水土保持措施的制定和计划，只有合理并合宜的水土保持方案才能够起到防止水土流失的作用。此外，水利工程施工现场要注意水土监测工作的开展，只有开展了水土检测工作才能够更好地有理有据的开展水土保持措施，才能够更好地结合实际开展水土保持相关方案。

第三章　水利工程建设创新研究

第一节　水利工程建设会计核算

会计核算也称会计反映，以货币为主要计量尺度，对会计主体的资金运动进行相关反映。它主要是指对会计主体已经发生或已经完成的经济活动进行的事后核算，也就是会计工作中记账、算账、报账的总称。合理地组织会计核算形式是做好会计工作的一个重要条件，对于保证会计工作质量，提高会计工作效率，正确、及时地编制会计报表，满足相关会计信息使用者的需求具有重要意义。

随着经济的快速发展，我国的水利工程项目建设不断增多。水利工程项目的会计核算问题，受到很多因素的影响和制约，当今随着市场经济的快速发展，水利工程的会计核算已越来越落后，存在着许多问题亟须解决，而水利工程项目，一般会计核算周期比较长，会计核算的金额也较大，这些特性，直接影响着我国水利工程项目的健康稳定发展。当前，随着全球水资源的日益紧张，人们对水利能源建设日益重视，国家层面对水利工程项目的建设情况越来越重视，水利工程项目企业迎来机遇与挑战。做好会计核算工作，是我们水利工程项目建设的重要保障，是提高企业管理效率的关键。针对这些实际生产生活中存在的一些问题，结合工作情况，制定相应措施以解决问题，是当下我们水利工程项目会计工作人员的重要课题。为了解决水利工程建设项目的会计核算存在的一些问题，提高效率和质量，我们有必要以此为契机，及时建立健全相关完善的会计管理制度，提高企业的抗风险能力，在实现水利工程项目经济效益、社会效益最大化的同时，促进水利工程项目建设企业的发展。

一、水利工程项目会计核算存在的问题

随着经济的快速发展，我国的水利工程项目建设不断增多。水利工程项目的会计核算问题，受到很多因素的影响和制约，其会计核算存在着一些问题。

（一）工程项目会计核算中原始资料混乱

水利工程项目，是一项十分复杂的工程项目，牵扯到很多经济因素，原始资料众多，

难以有效控制。所以一般在实际的相关会计核算工作中，会有会计核算工作所需一些原始资料混乱的情况发生。出现这类问题，主要是两个原因：一是我们相关企业工程建设队伍自身的原因。水利工程项目建设，由于其工期较长，一般跨越几年，而且由于水利工程建设条件较为艰苦，所以我们的水利工程建设队伍，经常出现人员流动甚至流失的情况，而且一般缺乏专业的会计人员，会计单据的管理工作也不甚严格，问题重重。这些问题，都会造成水利工程建设项目会计核算原始资料混乱的情况发生，对最后的会计审核产生一定影响；二是受一些虚假会计单据的影响。由于水利工程建设一般在基层，条件十分艰苦的同时，工作人员的待遇往往不高，在这样的情况下，我们的财会人员往往会认为自己的付出得不到应有的回报，加之受到现在社会不良风气的影响，所以在工程项目建设中，往往会出现部分工作人员，利用假发票谋取个人利益的现象发生。在项目会计核算中，如果我们的工作人员对虚假会计单据缺乏应有的严格审核，就会对最后的会计审核工作，产生严重的影响。

（二）水利施工企业财务人员的素质不高

近些年来，国家对水利工程越来越重视，对水利工程的投入也越来越多，但是仍然存在水利施工企业财务人员的素质不高的现象，问题较为突出。随着水利工程项目的不断扩大，其经济投入也越来越多，管理要求相应大幅度提高。如果我们的财务人员，责任意识不强，法制观念薄弱，不懂得管理，或者没有及时更新知识储备，没有不定期参加一些专业技术知识方面的培训、业务技能方面的培训，职业修养就得不到相应提高，这样就不能适应当下新的形势，不能满足水利施工企业财务人员的新要求，导致水利施工企业财务人员的素质不高，还有待加强，来适应水利工程项目的长周期和金额巨大的会计核算工作。

（三）会计核算的项目设置不合理，会计核算的方法运用不准确

水利工程项目会计核算科目的设置合理与否，直接影响着其会计核算工作的效率高低。由于其历史原因，在现阶段，我国水利工程项目的会计核算科目，设置存在千篇一律的现象，往往不够灵活，存在一些不能准确表述实际的会计核算科目，这些会计核算科目往往缺乏实用性，在很大程度上影响了会计成本计算的真实性。

（四）监督考核机制缺失

长期以来，由于水利工程项目的一些特殊性以及复杂性，我国水利工程项目会计核算往往监督考核机制不完善甚至缺失，一个监督管理和监督体制的建立与完善，刻不容缓。目前，我们的一些会计核算人员兼职会计核算的审核职位，没有做到相互牵制，达不到相互监督、相互控制的目的，没有起到监督的职能，被一些不法分子钻空子，往往不利于水利工程项目企业的正常运转。

二、利用创新性的工作方法做好工程项目的会计核算工作

针对目前我国水利工程项目，会计核算工作中出现的一些问题，我们财务会计管理工作者，要结合当下实际财会工作，进行详细的研究工作创新工作思路，创新工作方法，利用创新性的工作方法做好工程项目的会计核算工作。

（一）加强水利工程项目的财会人员的整体素质，做好会计原始资料的管理审核

近些年来，水利施工企业财务人员的素质不高的问题较为突出。如果我们的财务人员，责任意识不强，不懂得管理，没有及时更新知识储备，没有不定期参加一些专业技术知识方面的培训、业务技能方面的培训，职业修养就得不到相应提高，这样就不能适应当下新的形势，不能满足水利施工企业企业财务人员的新要求，导致水利施工企业企业财务人员的素质不高。我们应该加强水利工程项目的财会人员的整体素质，整顿我们的财会人员队伍，以提高财会从业人员的基本素养为目的，利用一切办法坚决制止靠假发票或报销凭证进行虚假报销，谋取私利，影响会计原始资料准确性的行为，做好会计原始资料的管理审核。

（二）制定统一的财务制度，合理设置工程会计科目，构建信息化管理平台

一方面，企业要统一财务制度，使企业协调运行。财务制度的统一，相关的管理也就更规范、更有序，从而会计核算工作就得到最有效的控制；另一方面，对财务信息进行集成化，合理设置工程会计科目，实行信息化平台管理，可以做到事前预测、事中控制、事后核算，实现物流与资金流信息的数据共享，使得信息无人为因素的影响，更加真实，而且信息的流通更加迅速，使企业能及时地获得各方面的信息进以加强企业的财务控制。

（三）加强工程项目资金核算活动的审核和监管工作

长期以来，由于水利工程项目的一些特殊性以及复杂性，我国水利工程项目会计核算往往监督考核机制不完善甚至缺失，一个监督管理和监督体制的建立与完善，刻不容缓。所以，我们在进行水利工程项目的资金核算工作时，我们的企业会计核算管理部门，应积极作为，加强资金核算活动的相关审核工作与监管工作。在实际工作中，我们应该做好两方面的工作：一是加强对于资金核算的内控建设工作。内部控制，对于企业的经营管理，成长壮大有着极为重大的影响。首先，加强和完善内部控制有助于全面提升风险防范能力。在当前我国应对后经济危机、加快转变经济发展方式的时代背景下，内控规范体系可以促进企业在后经济危机时代的发展。其次，加强和完善内部控制有利于保证国家相关法律制度的有效贯彻执行，保证经营决策和规章制度能正确实施。另外，加强和完善内部控制有利于保证会计信息的可靠性和真实性，适应市场经济发展的需要。二是构建以财务检查和内部审计为主的财务监督控制系统。财务检查和内部审计不仅是财务控制体系中的重要内

容，还是企业治理结构的一个重要组成部分，财务检查和内部审计可以使管理者能够全面、及时地了解单位实际状况，改善治理结构，构建以财务检查和内部审计为主的财务监督控制系统。

随着经济的快速发展，我国的水利工程项目建设不断增多。水利工程项目的会计核算问题，受到很多因素的影响和制约，存在着许多问题亟须解决，而水利工程项目，一般会计核算周期比较长，会计核算的金额也较大，这些特性，直接影响着我国水利工程项目的健康稳定发展。做好水利工程项目的相关会计核算工作，是水利工程项目建设的重要保障，是我们水利工程单位，财会工作管理者的主要工作。本节笔者已多年的工作实践，将探讨水利工程项目建设的会计核算问题，首先阐明水利工程项目会计核算存在的问题，最后探讨利用创新性的工作方法，做好工程项目的会计核算工作问题，以期为水利工程企业的发展做贡献。

第二节　小型农村水利工程建设

在我国，目前大型水利工程管理主要集中在城市，在农村还是以小型水利工程建设为主。然而，在贯彻实施新型的小型水利工程管理措施的过程中，遇到很多小型水利工程建设中所存在的建设管理问题。因此，进一步做好小型水利工程管理工作十分重要，在建设新农村的过程中水利必须要先行。

一、农村水利工程的性质和特点

作为一项基础公共工程，农村水利与农村供电和农村道路工程一样，对改善农民生产生活起着非常重要的作用。农村水利工程为人们的生产生活提供了基本的用水，同时对抗御自然灾害有着重要的现实意义，是促进农业增产增收的物质保障条件。

首先，水利是农业发展的命脉，是农业生产和发展的重要基础，对农业生产、农民生活水平提高有着重要意义，需予以高度重视。与此他农村建设相比，农村水利工程具有投资大，见效慢，经济效益不直接等特点，往往容易被农民所忽视。事实上，农村水利工程的建设状况直接决定着和影响着农民的经济收入。水利工程建设涉及多个领域，是一项相对复杂的工作。农村小型水利工程的建设要在基层政府的组织领导之下，充分调动群众的积极性，既要尊重自然规律还要符合经济发展规律，多个领域相互协调，共同发展。再次，农田水利工程公益性较强，需要政府扶持。农田水利工程的作用除基本的灌溉提供生产生活用水外，还对防洪除涝有着重要作用，满足花卉蔬菜果园养殖等高附加值产业的需求，同时承担着大田作物灌溉的重要任务。最后，因公共工程并不以盈利为目的，在政府的宏观调控下，具有一定的垄断性。我国法律明确规定了，河流湖泊属集体所有和国家所有，作为一种公共资源，所有居民对水资源享有平的使用权，公用水源的公有性决定了农田水利工程设施不应由私人垄断，农村水利的建设与管理需要在政府的规划与计划指导下有序进行。

正是由于水利工程的这些特点，使农村小型水利工程的建设在资金投入方面存在很大的问题。

二、资金投入方面问题

（一）当前农田水利设施投入严重不足

首先，实行农村税费改革后，原来主要用于村内农田水利设施建设的村提留已不复存在，加剧了小型农田水利设施建设投入的矛盾，这也是各地反映最强烈的问题。其次，实行家庭联产承包责任制，农民普遍存在公家的水、自家的地的心理，加上农业效益比较低和农村青壮年劳力外出打工等因素，在水利设施方面的劳动力投入削减。由于政府人力资源配置不尽合理，导致水利方面技术人员严重短缺，技术水平相对比较弱，这也是资金和资源投入不合理所导致的。

（二）工程管理、养护经费不落实

小型农田水利设施一般属镇、村或村民小组所有，由于全市农田水利工程多在山区县，经济不发达，镇村级经济困难，且工程水费征收困难，镇、村需投入的管理、养护经费基本不落实，致使小型农田水利设施无管理经费，无专职管理人员，轻管、甚至完全失管的现象普遍存在。导致农村水利工程管理粗放，有的灌区支渠以下用水混乱，跑，冒，渗漏较为严重，致使水利工程老化失修，毁损严重。在其后的维修期间，所需要的经费会大幅度增大，进而导致水利设施资金投入不足的恶性循环。

（三）吸引社会资本投入难度大

水利建设吸收社会资本能力差，主要原因有三个方面：第一，现行水价低于供水成本，水费征收困难，绝大部分水利建设的经济效益微弱；第二，服务的主要对象是农业，不仅效益比较差，而且风险高，投资回报少；第三，很多灌溉排水工程受益范围大、受益主体多、投资规模大，建设用地协调难。

（四）解决资金供需矛盾难度大

由于水利投入的结构性缺陷，造成解决水利建设的资金矛盾突出。第一，引导农民投入异常艰难。过去主要靠基层政府用行政手段组织动员，现在由于农村的文化水平相对低下，村民对水利设施工程的建设认识不到位，导致动员农民投资投劳非常困难。第二，地方财力拮据。长期以来，国家对水利基础设施建设的投入严重不足，主要依靠农民出钱出力出人兴办。税费改革后，镇村两级财政收入锐减，只能勉强应付工资及沉重的负债支出，已无力搞好水利设施建设，加上县级财力有限，对镇村转移支付力度不够，因此，地方也无力投入农田水利设施建设。第三，农业灌溉水费标准低且收缴困难。农民对水费承受能力低等因素，造成水管单位要保证工程日常维护、正常运行有较大困难。因此，在现行管理体制和地方财力状况下，完全靠地方解决农田水利设施的建设和管理投入问题难度较大。

三、小型农村水利工程建设资金的对策及建议

（一）完善农田水利基本建设资金投入机制

农田水利工程建设具有很强的公益性，政府应该是建设的主体，受益群众是积极参与者。政府应承担起重任，加大公共财政的投入力度，努力改善农村、农业的基础条件。

（二）建立激励机制

实行奖补结合办法。改变过去省级资金按工程总额的比例补助形式，将省级资金主要补助在工程所需的材料费用上，而工程所需要的人力资源等，则由工程所属的区、镇、村负责组织发动；建立农田水利基本建设激励和竞争性机制，把农田水利建设干得好坏作为下一年度省级资金安排的重要依据，以奖励先进、鞭策后进，促进我省农田水利基本建设工作健康发展，充分调动和激发各地开展农田水利基本建设的积极性。

总之，农村水利工程建设关系到农村生产和发展的重要举措，必须从管理、技术提高、人才引进等各方面进行加强，严把质量安全关口，加强政府的引导、调控和监管机构的监管力度，完善人民监督体制，科学高效对其进行管理，才能逐步加强我国农村小型水利工程建设，使其发展变得越来越好。

第三节　水利工程建设对城市环境影响

水利工程建设历来受到国家重视，其可以有效地促进经济增长，对人们的生产生活有着不可或缺的影响，而城市和水利工程又有着十分密切的关系，一些水利工程的建设对城市环境问题确实产生了非常明显的影响，一个是对环境保护和模式的影响，一个是环境本身的影响，本节主要从其对城市环境影响的负面角度去思考。因为这样可以更好的根据其产生的负面效应而采取更为针对性的措施，以减少其对城市环境破坏并发挥水利工程的最大化效应。

一、水利发展要求

水利工程建设是促进经济社会发展的重要项目，而河流也是人类文明延续的基石，在河流中进行相关的水利建设，其本质上来说是对自然生态的改变，所以水利工程的建设对

城市环境有着非常明显的影响。但是为了适应和践行可持续发展思想，就应该对城市水利的水资源进行综合性开发和利用，因为这种综合开发利用的是最公平的方式，也可以在不损坏生态系统可持续发展的基础上促进水、土、电、能等相关资源的协调开发与管理，让经济效益和社会效益发挥到最大。

（一）水利对城市环境影响的内涵

城市和农村不一样，农村更多的来说是直接和自然融为一体的，而城市的现代工业文明的结晶，是人改造自然的产物，其本身就是对自然环境结构的一种改变，而水利工程的建设对城市环境的影响主要是指的是：城市与包括水资源在内的自然生态环境系统的关系的一种总称，从技术层面看，其内容则包括了水利工程对城市地理环境、内河水文、城市防洪、城镇排涝、内部供水、城市水污染防治、水土保持、水系环境、城郊环境治理等各种由水利带来的环境问题；而从另一个非技术层面来说，水利建设对城市环境的影响则体现在对城市水资源开发与利用、水利政策法规系、城市水系文化、水利旅游、水利经济等影响。当然，分析水利工程建设对城市环境的影响应该重点从技术层面去看。

（二）水利工程建设对城市环境应该的体现

1.城市空间环境

城市空间环境是从城市环境的表面看的，如我们平时所说的市容市貌和城市空间布局环境等，如果水利工程兴建在离城市不远的地方，那么其城市流域附近的褐土地或者城市内部的动植物栖息地往往就会受到影响；而城市市面上的一些沿岸工厂、货物仓库、废弃物垃圾场、铁轨公路交通等都可能多少受到一些来自水库区的负面效应干扰，如城市河流的河堤和河床被往往会因为水利工程建设而被水泥所填实。

2.内部环境

城市内部环境是潜在的环境问题，如城市的空气、降水、气候、气温、生态经济以及河流自身的环境修复能力等方面，水利工程的修建其实也会对城市环境利益造成影响，在带来一些利好的东西的同时，更多的是带来了挑战。

二、对城市内部环境保护构成挑战

随着我国经济社会的发展，资源和环境的问题也日益突出，城市的环境保护本身就面临着多种压力和挑战，而如果加上水利工程的影响，那么就会对我国城市环境的保护造成更大的压力。由于目前我国的水利设施还不是很完善，没有形成比较系统的水利建设与环境保护的模型，水利设施的建设、运行和管理等诸多方面还存在不少的不足，这些不足使得城市环境面临着水资源短缺、水环境恶化、洪涝威胁等巨大挑战。

就具体反映来说，一是水利工程建设提升了城市防洪标准。在目前我国的近700座城市中，兼具有防洪任务的城市多达600座以上，而80%的城市防洪标准都比较低，在对洪水体量估测、防洪除暴河道以及技术分流等多方面缺乏相对应的参考标准。二是让城市缺水问题更为突出。要知道，水利工程建设可以对气候气温形成影响，改变局部大气内部循环模式，这样一来，城市热岛效益就会更加的明显，气温升高，而降水减少的现象也会更为严重。三是城市水污染问题会日益严重。水利工程的建设不仅仅会让城市河道拥有更多的化学物理等方面的杂质，还会弱化其水资源循环净化系统，因为水库堤坝的修建让上游或者下游的正常水流受到控制，没有了正常水流和持续注入，河域流水对污染物细胞的分化能力就会下降，从而不能有效的净化那些受到污染的水体，这就会造成河段水质污染超标。

三、造成内外部环境问题

（一）对城市生物系统造成破坏

其实，对水利工程建设的影响不能只看到好的方面，虽然其可以在城市发电、城市防洪、城镇郊区农田灌溉等方面起到比较积极的作用，但是在整个水利工程建设和发展的过程中，也让很多森林草地被淹没，这就会对生物多样性构成破坏，生物多样性往往被定义为对所有生物生存发展与变异的生态系统的总称。水利工程的过快发展，会让很多的自然栖息地遭到破坏，这是一个我们不得不思考和重视的问题。水利工程建设对河流生态环境的负面影响在于工程的修建往往需要在天然河道进行堤坝和积水，而这样做所产生的直接结果就是会破坏自然河流长期以来形成和演化的生态环境，让河流变得均一化和非连续化，进而逐步的改变流域内生态的多样性。

（二）改变城市气候

城市气候和水利工程措施有着密不可分的关系，在堤坝水库进行蓄水后，其库区内的水面就自然会增加，进而对库周的局部气候形成影响。其影响主要体现在对风速、湿度、降水、气温等要素的改变。要知道，如果城市离水利工程堤坝并不是很远，那么水利设施所形成的人工水域就可改变城市局部地区的小气候，让城市变得更加多雾多降雨，当然有的时候也会造成干旱现象。一般来说，在形成一定面积的水库后，附近的气温变幅就会减小，城市附近的生态平衡就会发生明显的破坏。

（三）影响城市水质

城市用水多来自于河流，而水利水电工程的建设往往会对河流水质环境产生不利的影响，因为水利工程的建设会让局部河流的水速减小，这一方面可以降低水气界面交换的速率，让污染物的扩散速度变慢，导致水质自我净化功能的丧失；另一方面会让沉降作用更为明显，使得水体重金属的沉降速度加快，故而导致城市出现比较严重的金属污染问题，并最终造成一些生物性或者非生物性的疾病现象。

四、对城市环境管理提出新要求

我们在进行相关的水利工程建设时，应该留出一部分的资金将其拥有城市环境的治理和相关方面的生态修复，这样可以更好的改善当地城市环境现状，促进经济与生态的平衡发展，当然这也对环境保护和管理提出了更多更高的要求，需要相关部门高度重视。

水利工程的建设从总体上来说是利国利民的，可以减少自然灾害的发生，避免洪水等对城市生产生活的严重影响，并满足城市人口的用电、用水需要，促进城市产业发展，但是其确实也可以对城市环境造成非常多的负面效应，而分析和研究这些问题是我们解决这些问题的前提。从目前看，水利工程的建设对城市环境的影响主要表现在对生态系统构成的压力挑战和对具体环境的破坏以及对城市环境管理的革新等几个方面。为此我们需要采取一些有力措施来解决这些现象，让水利工程更好地造福人类。

第四节　水利工程建设质量监督

水利工程是国家基础设施，兴修水利，功在当代，利在千秋。工程质量是工程建设管理的核心。本节对水利工程开工前、建设中、竣工后质量监督管理进行了由浅入深探讨，以确保水利工程建设质量进一步提高。

水利工程建设质量监督是水利工程建设管理的重要组成部分，实行“项目法人负责、监理单位控制、设计和施工单位保证，政府监督相结合”的质量管理体系。

一、工程开工前的监督管理

（一）对有关设计、勘察文件审查的监督管理

目前水利工程建设质量监督的介入项目建设多是在开工后，还未涉及设计阶段，应延伸到该阶段，以监督设计过程对有关规范规程强制性条文的执行情况。

对设计、勘察单位质量行为、结果的监督，重点在对设计、勘察文件的审查监督上。一旦发现违反有关法律、法规和强制性标准的设计和勘察文件，可用直接经济处罚和法律制裁，使直接责任主体承担由其失误疏忽或有意造成的质量责任。通过对设计、勘察单位的监督管理和依法处罚，并将其不良行为记录在案，纳入责任主体和责任人的信用档案，形成信用约束力，促使建设主体改进质量管理保证体系，有效促进质量体系良性运作，规范所有主体各个层次、各个环节的质量行为，严格内部质量管理制度和质量检查控制，实现设计和勘察文件的质量满足有关法律、法规和强制性标准的要求。

（二）对招投标活动的监督管理

影响水利工程建设质量的因素主要有两方面：一是人为因素，主要包括参建各方的资质等级等条件、质量管理体系和建设行为等；二是客观因素，主要包括工程材料、构配件等中间产品和投入使用的施工机械设备。因此，质量监督要对工程招投标活动进行重点监督。

对招投标活动监督管理重点是施工招投标的监督，实现市场监督与质量监督有效结合，通过质量监督审查促进市场竞争规范化和良性运转，通过市场有效运作，保证质量监督有效性。

（三）对合同文本的监督

对合同文本的监督重点是施工合同的监督，把质量管理的规范化和法制化落实到合同条款中，以合同的法律效力约束各建设主体的质量行为和活动结果。

通过对这三方面的内容审查监督，实现政府对水利工程质量实施过程预控监督。施工前质量监督管理重点事实是对业主质量行为监督管理，因为业主是所有这些活动的组织者、决策者，这也是规范建设业主质量行为和活动结果的重要措施。

二、工程建设中的监督管理

施工中质量监督管理应围绕关键部位现场监督，开展事前、事中和事后巡回闭环监督管理，关键部分即隐蔽工程（地基基础）、主体结构工程质量和环境质量。在对工程质量进行监督检查中，重点是隐蔽工程（地基基础）、主体结构等影响结构安全的主部位。

现场实体质量检查方式应采用科学的监测仪器和设备，提供准确可靠、有说服力数据，增强政府工程质量监督检查的科学性和权威性。通过监督抽查，保证强制性标准的贯彻执行，保证法律、法规和规范的落实，从宏观整体上把握水利工程建设质量和结构使用安全。质量监督管理还应利用 IT 技术、信息技术和网络技术作为现代化管理重要手段。质量监督站管理信息化、网络化是实现工程质量档案网络管理、实现工程质量资源管理共享的前提条件，是提高监督管理水平的管理效能的重要保证，也是管理方法科学化的重要标志。

加强程序管理，同时必须加强技术控制。它的方法采用评价标准方法较好。评价标准的方法多有几点：一是对施工现场质量保证条件的检查评价；二是对工程竣工检测结果的检查评价；三是对现场质量保证资料的检查评价；四是对工程实体的尺寸偏差实测；五是对完工后工程实体的宏观观感检查评价。监督检查对象还包括监理单位、建设单位（业主）等参与工程建设的各行为主体。质量监督机构应站在执法角度，通过加强对参与水利工程建设各行为主体质量行为的监督，查处各行为责任者违规行为，增强各行为主体的自律能力，提高行业整体素质，保证工程质量。

施工过程中监督管理以施工主体为主线，业主、监理、设计、材料、设备生产或供应合多种因素，选择能够改善不良条件的处理方案，对于地质条件差、处理难度高、投资高昂的方案要首先否决。在此基础上从区域稳定性、地形地貌、地质构造、岩土性质、水文地质条件、物理地质作用、工程材料等几方面来开展水利工程的勘察选址工作。

（一）区域稳定性

水利工程建设区域的稳定性意义重大，在需要建设的区域，要重点关注地壳和场地的稳定性，特别是在地震影响较为显著的区域，需要慎重选择坝址、坝型。在勘察过程中，要通过地震部门了解施工区域的地震烈度，做好地震危险性分析及地震安全性评价，确保水利工程建设区域稳定性能够满足工程建设的最终要求。

（二）地形地貌

建设区域的地形地貌会对水利工程坝型的选择产生直接影响，还会对施工现场布置及施工条件产生制约。一般情况下，基岩完整且狭窄的“V”型河谷可以修建拱坝；河谷宽敞地区岩石风化较深或有较厚的松散沉积层，可以修建土坝；基岩宽高比超过 2 的“U”型河谷可以修建砌石坝或混凝土重力坝。建设区域中的不同地貌单元、不同岩性也会存在差异，如：河谷开阔区域存在阶地发育情况，其中的二元结构和多元结构经常会出现渗漏或渗透变形的问题。因此，在进行工程方案比选时要充分了解建设区域的地形地貌条件。

（三）地质构造

水利工程建设期间地质构造对于工程选址的重要性是不言而喻的，若采用对变形较为敏感的刚性坝方案，地质构造问题更为重要，地质构造对于水坝坝基、坝肩稳定性控制有非常直接的作用。在层状岩体分布的区域，倾向上下游的岩层会存在层间错动带，在后期次生作用下会逐步演变成泥化夹层，在此过程中若其他构造结构面对其产生切割作用会严重影响坝基的稳定性，因此，在选址过程中必须充分考虑地质构造问题，尽可能选择岩体完整性较好的部位，避开断裂、裂隙强烈发育的地段。

（四）岩土性质

水利工程建筑选址过程中需要先考虑岩土性质，若修建高大水坝，特别是混凝土类型的水坝，要选择新鲜均匀、透水性差、完整坚硬、抗水性强的岩石来作为水坝建设区域。我国多数高大水坝是建设在高强度的岩浆岩地基上，其他的则多是建设在石英岩、砂岩、片麻岩的基础上，在可溶性碳酸盐岩、低强度形易变的页岩和千枚岩上建设的非常稀少。在进行水利工程建设过程中需要结合工程实际情况，对不同类型、不同性质的岩土进行有效区分，确保水利工程后续施工顺利开展。另外，在进行坝址选择时，对于高混凝土坝来说，坝体必须建设在基岩上，若河床覆盖层厚度过大，会增加坝基开挖工程量，会出现施工现场条件较为复杂的情况。因此，在其他条件基本相同的情况下，要将坝址选在河床松散覆盖层较薄的区域，若不得不在覆盖层较厚的区域施工，可以选择土石坝类型进行建设。

对于松散土体坝基情况，要注意关注渗漏、渗透、变形、振动、液化等多种问题，采取有效措施避免软弱、易形变的土层。

（五）水文地质条件

在岩溶地区或河床深厚覆盖层区域进行选址时，要考虑建设区域的水文地质条件。从工程防渗角度考虑，岩溶区域的坝址要尽量选择在有隔水层的横谷且陡倾岩层倾向上游的河段进行建设。在建设规划过程中还要考虑水库是否存在严重的渗漏隐患，水利工程的库区最好位于两岸地下分水岭较高且强透水层底部，有隔水岩层的纵谷处。若岩溶区域的隔水层无法利用时，要仔细分析地质构造、岩层结构、地貌条件，尽量将水利工程选在弱岩溶化区域。

（六）物理地质作用

影响水利工程选址的物理地质作用较多，如：岩溶、滑坡、岩石风化、崩塌、泥石流等情况，根据之前水利工程建设经验，滑坡对选址的影响最大。在水利工程建设期间，选址在狭窄河谷地段能够有效减少工程量，降低工程成本，但狭窄河谷地段岸坡稳定性一般较差，需要在深入勘察的基础上慎重研究该种实施方案的可行性。

（七）工程材料

工程材料也是影响水利工程选址的一个重要因素。工程材料的种类、数量、质量、开采条件及运输条件对工程的质量、投资影响很大，在选择坝址时应进行勘察。水库体施工常常需要当地材料，坝址附近是否有质量合乎要求，储量满足建坝需要的建材，都是水利工程选址时应考虑的内容。

水利工程勘察选址工作意义重大，随着科学技术的不断进步，先进设备的不断增加，为水利工程勘察选址奠定了良好基础，水利工程建设人员能够在勘察选址工作中获取更为准确的参考资料。同时，人们要认识到水利工程勘察选址工作复杂、难度大，在实际工作过程中，要全面分析工程建设的利弊，利用好各种现代勘测设备，确保水利工程勘察选址工作的科学化、合理化、现代化，为水利工程建设质量的提升提供良好保障。

第四节　水利工程质量监督

我国历来是一个重视水利治理的国家，五千年的农业文明也为水利的兴建提供了丰富的经验，大到黄河、长江的治理，小到沟渠、河流的整治，都汇聚了无数劳动人民的智慧。近年来经济的突飞猛进为水利建设的巨大投入提供了有力的保障，水利工程的建设也进入到前所未有的新阶段，而水利工程质量的监督，也更加复杂和重要。

一、水利工程质量监督的特征

（一）复杂性

水利工程建设往往涉及的范围比较广，小到一个村庄、大到一个国家，甚至多个国家联合。例如长江三峡工程，作为一项划世纪的工程，倾全国之力进行，横跨数省造福上亿人口，库区迁移百姓上百万。这样的大工程往往建设周期很长、需要数年的时间，建设范围较大、各种复杂的水文、地势地貌都会出现，施工条件艰苦、施工难度大，这样的工程监督起来更加困难。而由于工程浩大、工期很长，需要很多部门间的配合和协作才能完成监管，不让工程质量存在一点问题，这就更增加了工程的复杂性。

（二）艰巨性

水利工程是一种关乎百姓生计、关乎国计民生的大问题，其安全与否不仅影响到水利工程的运行效率、经济效益、防洪防涝抗旱的社会效应，一旦出现安全问题还会对人民的生命财产安全造成严重损害。水利工程的复杂性决定着其在监管方面的艰巨性，一个小的质量漏洞而监管没有到位就有可能造成一次大坝的泄露甚至决堤，就会造成成百上千甚至几万人的生命财产安全受到威胁。同时，水利工程的严格质量要求对施工材料的质量把控也有着严格的要求，这使得水利工程的监管要拉长战线，对施工设计到的每个环节都有把控，对监管提出更艰巨的要求。

（三）专业性

水利工程的复杂性和艰巨性注定了进行水利工程的监管需要很强的专业性。就水利工程来说，不光有水力发电站、水库等中等规模，也有航运、调节地区用水等大规模工程，还有净水站、灌溉渠等小规模工程。工程的类型不一样，对质量的要求就不一样，对监管人员的专业要求更是不一样，这就要求监管人员具备较强的水利专业知识，能够监督好、评价好工程的实际质量，在施工方案、施工条件、施工材料等多个方面为施工提供保障，保证工程安全、高效的有序进行。

二、提高水利工程质量监督的措施

（一）完善法律法规

完善的法律体系是提高水利工程质量监管的有力武器。历史的经验带给我们的惨痛经验之一就是法律的漏洞越多，钻空子的人就越多。水利工程建设是利国利民的大工程，也是很多人眼中的“肥工程”，把承接这种大工程当作自己发财的“捷径”，历朝历代因水利工程偷工减料等质量问题被问责的案例数不胜数，而更多的人却没有受到追究，究其原因在于水利工程具有长期性的特点，例如其设计标准是 200 年一遇，而其实际执行的是百年一遇，只要洪水不来，很多时候这个工程是不容易暴露的，而哪怕暴露了，当时的人员也因退休、死亡等原因而不去追责。这就需要我们继续完善法律法规，在监管层面让法律更细致一些，既有利于当时的监管执法，也能持续追责，有法可依、违法必究、不论早晚，让违法者付出代价。

（二）加强监管力度

有效的监督是减少水利工程质量问题的重要手段。正如我们目前正在全国上下营造出的打虎拍蝇氛围一样，对于水利工程的质量监管也要形成这种威慑力量，要有决心、有恒心来下大力气加强监管的力度，这直接影响到水利工程的质量安全。一方面，要形成舆论氛围，从意识上认识到水利工程监督的重要性和放松监管的严重后果，让责任人真正负起责任，不敢马虎、不能大意；另一方面，监管部门要加强监管的实际行为，积极参与到水利工程的施工过程中，严把质量关，以身作则，在各个环节进行风险控制和验收，及早发现问题、永于揭露问题，将违规、违法的损失减小到最少。同时，监管、验收过程中不可避免地会出现“得罪人”的事情，这要求监管人员有高度的责任心，不敢对违法漠视、不敢不作为，充当老好人。

（三）形成网格监管

监管从来都不是单一的，水利工程的质量监督更不应该是一次验收、一种监管。就监管渠道来说，要实行第三方检测，通过与施工方毫无关联的一个公信力度比较好的第三方检测机构的检测，对施工才能做出更公正的结果。同时对这一第三方机构进行定时、不定时的抽查，看其曾检测过的工程是否有问题，一旦查实问题要有严格的清退、惩罚机制，让第三方机构不敢寻租。就责任划分来说，要建立“工程责任人——监管人——参与单位责任人——设计单位责任人”的相互监督的局面，拓展监管举报渠道，提高办事效率。只有形成这种网格式的监管格局，才能更有效地对水利工程的质量进行监管。

第五节　水利工程节能设计

近年来，水利工程在我国得到了很大的发展，水利工程是综合性较强的项目，虽然给人们生活带来了方便，但是对自然环境的损害也不容忽视。因此，综合考虑生态因素，在水利工程建设中重视水利工程的节能应用是非常有必要的。随着我国社会经济的快速发展，水资源紧缺问题变得越来越明显，水利工程的节能设计受到了高度重视，依靠先进的科学技术降低水资源的能耗是非常关键的。本节结合实际情况，对水利工程节能设计要点进行了具体的分析探讨。引入生态节能的水利工程概念，兼顾各个方面的影响因素，制定了相应的节能控制措施。使水利工程节能设计更加合理化，保持水利工程建设与生态环境的平衡，促进水利工程作用的充分发挥。

水利节能需要贯穿到工程前期设计的各个环节，因此，在工程设计中，要充分地考虑到工程设计的理念，做好可行性研究及初步设计概算等。在节能设计还需要结合当前的相关规定，对工程能耗进行分析，结合工程的实际情况进行合理的选址。真正体现出水利工程建设节能的宗旨，实现人、水资源的和谐共处共同发展。

一、优化水利工程选址设计

设计修建水库方案时，选址是至关重要的环节，要充分地考虑库址、坝址及建成后是否需要移民等各种因素。因此，在不考虑地质因素的情况下，不要忽视以下 3 点：在水利工程区域内一定要有可供储水的盆地或洼地，用来储水。这种地形的等高线呈口袋型，水容量比较大。选择在峡谷较窄处兴建大坝，不但能够确保大坝的安全，还能够有效减少工程量，节省建设投资。水库应建在地势较高的位置，减少闸门的应用，提升排水系统修建的效率。此外，生态水利工程在建址时，不要忽视对生态系统的影响，尽量减少建设以后运行时对生态系统造成的不利影响。

二、水利工程功能的节能运用

（一）利用泵闸结合进行合理布置，提高水利工程的自排能力

在水利工程修建设计中在泵站的周边修建水闸来使其排水，即泵闸结合的布置，在水位差较大的情况下进行强排，不但能够节约能源，还能降低强排时间。另外，选择合理的水闸孔宽和河道断面，提高水利工程的自排能力，利用闸前后的水位差，使用启闭闸门，达到排涝和调水的要求。

（二）使用绿化景观来增强河道的蓄洪能力，合理规划区域排水模式

为了减少占地面积，在水利工程防汛墙的设计中，可以采用直立式结构形式。在两侧布置一定宽度的绿化带，使现代河道的修建不但能够提高河道的蓄洪能力，还能满足对生态景观的要求。在设计区域排水系统时，可将整个区域分成若干区域，采取有效的措施，将每个区域排出的水集中到一级泵站，再排到二级排水河道里，最后将水排到区域外，达到节能的效果。

（三）实行就地补偿技术，合理地进行调度

受地理环境的因素，一般选择低扬程、大流量的水泵，电动机功率比较低，要将功率因素提高可以采用无功功率的补偿。因此，在泵站设计时可以采用就地补偿技术，将多个电动机并联补偿电容柜。满足科学调度的需求，实现优化运行结构的需求。

三、加强水利工程的节能设计的有效措施

（一）建筑物设计节能

我国建筑物节能标准体系正在逐渐完善，在水电站厂房、泵站厂房等应用建筑物设计节能技术。在工程建设中可以采用高效保温材料复合的外墙，结合实际情况，采用各类新型屋面节能技术，有效控制窗墙面积比。研究采用集中供热技术、太阳能技术的合理性和可行性，减少能源消耗。水电站厂房可以利用自然通风技术，减少采通风方面的能源消耗。

（二）用电设备的节能设计

选择合适的用电设备达到节能的具体要求，在水泵的选择上。应正确比较水泵参数，全面考虑叶片安放角、门径和比转速等因素。在水利工程用电设备的节能设计时，可以采用齿轮变速箱连接电动机和水泵的直连方式，即提高效率又节约成本。按照具体专项规划的要求，主要耗能设备能源效率一定要达到先进水平。

（三）水利泵站变压器的节能设计

在设计的水利泵闸工程中，应该设置专用的降压变压器给电动机供电，来节省工程投资成本，为以后的运行管理提供方便，选择适合的电动机，避免出现泵闸电动机用电量较大的情况。选择站用变压器，避免大电机运行时带来的冲击。

当前人们越来越重视对环境的保护，生态理念逐渐融入各行各业中去。在水利工程建设中节能设计是一个全新的论题，随着节能技术的快速发展，受到了越来越广泛的重视。这就需要在节能设计中，结合水利工程的实际情况与特征，严格按照国家技术规范和标准，坚持完成水利工程的设计评估，有针对性地确定工程的节能措施。加大水利工程环节的节能控制，合理分析工程的节能效果，以水利工程设计更加科学化为前提，完善水利工程设计内容。

第六节　水利工程绩效审计

近年来，我国水利工程项目的投资一直在持续增加，水利工程的质量和效益也得到了社会的广泛关注。绩效审计作为一种保证工程项目质量，规范项目资金运用的管理工具，对于水利工程来说有着十分重要的意义。当前，我国在水利工程项目中，绩效审计工作已经逐渐深入，对于项目的经济学、效率性以及效益型的评价也发挥了一定作用，然而，其重要存在着一些不足。

一、水利工程绩效审核的内涵

（一）水利工程项目的特点

水利工程对于国家和地区来说，有着至关重要的意义，是国家经济和社会的重要战略资源，对于社会经济体系有巨大的影响，不仅关系着防洪、供水、电力、粮食，还关系着经济、生态甚至国家安全。水利工程包括防洪工程。农田水利工程、水力发电工程以及航运工程等多种类型。通常来说，水利项目都有这以下的特点：

（二）以政府投资为主

水利工程项目通常资金投入量极大，政府以国家预算内、外资金，财政担保信贷以及国债转贷资金等方式实施投资。

（三）具有很强的系统性

水利工程项目通常其规划和建设不会孤立考虑，而是与同一流域、同一地区其他水利项目一起通盘考虑，构成一个庞大的系统工程；同时，就项目本身来看，也是一个复杂的系统化工厂，因此，在项目管理与绩效审计中，都必须从全局考虑，展开综合分析。

（四）具有较强的公益性

水利项目基本都与民生有很大关系，对当地社会和经济有重要作用，同时对当地的生态环境必然也会起到积极或消极的作用，因此，必须以公众利益作为考虑的基础。

（五）水利工程绩效审计

水利工程的绩效审计，是在《审计法》《国家建设项目审计准则》等法律法规指导下，对水利工程的建设活动的全过程实施监督和审查，涵盖项目从设计、材料、施工、监理、质量检查等所有环节和部门，以项目投资为主线，重点审查项目投资立项的合法性、资金来源的合法性、资金使用的合理性，以及项目投入使用后的效益型。当前，我国一些重要水利项目，都已经逐渐推广实施了绩效审核工作。比如，2013 年，中央审计署对三峡工程的财务决算审计结果予以公布，在审计过程中，投入量 1400 名审计人力完成对这个庞大项目的绩效审计工作。

二、当前水利工程绩效审计存在的不足

（一）重财务、轻绩效

尽管在水利项目中，绩效审计工作已经逐渐深入。然而，就审计的主要内容来看，依然集中在财务审计的领域，以及项目自身的合法性和合规性；对于项目本身的决策、评估、

效益以及对社会、环境的影响等内容关注不够，所以，这样的审计活动，尽管以绩效审计为名，但真正涉及绩效评估的内容并不多；而且，在仅有的部分绩效评估中，也由于定量评价不足，导致评价无法具有公正客观性。比如社会效益、环境效益等，这些项目评估缺乏有效的评估方法，导致绩效评估仅限于形式，而不具备评估实质。

（二）重工程决算，轻过程审计

我国水利项目的审计过程中，往往对资金的管理重视程度极高，对工程预算的执行是否合法合规给予了高度关注，对竣工审计给予了很高的重视程度，通常在项目完成以后就会迅速介入。然而，事后审计具有很大的缺陷，一方面工程中的众多变更工程、隐蔽工程很多且无法有十分详细的掌握程度，导致审核中容易产生各种漏洞；另一方面，事后审计即使将问题发现，但是损失已经无可避免。因此，与决算审计相比，更应当从项目启动，审计工作就开始介入，对项目的全过程展开跟踪审计。从而能够将审计工作从被动转向主动，更重要的是，能够真正有效预防损失的发生。

（三）重财务审计人才，轻复合型审计人才

水利工程绩效审核工作，涉及建设过程中的所有环节和众多单位，审计行为具有极强的专业性，并且审计事物繁杂，在这个过程中，不仅对审计人员的财务知识有较高要求，还需要审计人员具备工程管理、建筑、电气、法律等相关方面的专业知识。然而，受传统财务审计的影响，当前我国很多审计人员都是财务背景，在其他领域专业知识有效，无法应对复杂的审计工作，更无法深入审计对象运作过程。此外，在审计项目招投标、签订合同以及施工决策的诸多环节，还需要审计人员具有很强的分析决策能力和沟通协调能力。因此，在绩效审计人员配置的过程中，必须对审计人员的知识结构、综合素质有更为严格的要求。

三、水利工程绩效审计的建议

（一）持续深入水利工程绩效审核研究

当前，发达国家已经拥有了相对成熟的绩效审计理论，并依次为基础，制定了完善的绩效审核制度，再经过实践的检验得以不断完善。我国在这方面的理论研究起步较晚，研究理论也相对滞后，研究成果还不足以有效应用于实践，帮助解决实际遇到的问题，这也导致在现实中的水利工程绩效审计工作开展的深入、广度远远不足。所以，必须持续深入水利工程绩效审核研究，重点要集中在以下几个方面：一是审计框架，如何有效将财务审计、绩效审计与项目审计融合成有机整体；二是审计如何与工程实务相结合，不仅要重视对投资的审计，更好重视对项目管理的审计；三是如何推动审计工作深化，是审计的内容真正能够反应项目自身的真实性、合法性、效益型和建设性。在研究过程中，可以积极借

鉴发达国家的相关理论，再与我国实际状况相结合。

（二）建立科学全面的水利工程绩效审核指标体系

当前，我国的水利工程绩效审核工作在绩效审核方面之所以形式化严重，与缺乏有效的绩效评价体系指导有密切关系。科学的指标体系，不仅有助于审计工作的开展，也有利于审计结果的更加客观公正。早在 1994 年，美国营建研究院就提出了整套全面的建设项目绩效评估体系，从而为建设项目的绩效审计活动提供指。我国迄今为止尚没有形成这样的指标体系、水利工程绩效审核指标体系，有助于审计人员本着客观公正的态度，充分考虑项目内容、地区差异等客观因素，从而给予公平的审计。

水利工程绩效审核指标体系，从工程建设过程来看，应当涵盖建设全过程；从审计目标来看，应当至少包括项目得经济学、效率性、环境性、公平性以及效益性。同时，在基本框架下可确定相关实施细则，以使指标系统既能够把持统一性，又能够被灵活使用。

（三）强化审计机构的审计能力

水利工程绩效审核作为一项具有较高复杂度，涉及诸多专业知识的综合性工作，对审计机构的审计能力也有十分严格的要求。因此，设计机构的能力必须有计划、有目的的不断提升。首先，要推动社会化人才的进入，社会化人才带着各个专业的实际从业经验，进入审计机构，帮助人才队伍完善知识结构，打造财务审计与工程技术兼备的人才队伍。其次，要建立有效的人才培养制度，不断推动现有审计人员的知识结构、专业能力和综合能力的提升。另外，还建立有效的专家晋升通道，打造职业资格认证体系，以提供强大的人才保障。最后，要建立庞大的外部审计资源，包括行业专家、咨询机构等，在特殊情况下，可借助外部资源使审计工作得以更好地完成。

综上所述，当前我国水利工程绩效审计工作依然有较大的提升空间，在推动水利工程绩效审计的过程中，必须在加大研究力度的基础上，建立完善的绩效审计指标体系，同时强化审计队伍能力的提升，才能更好地完成水利工程的绩效审计工作。

第二章　水利工程建设研究

第一节　基层水利工程建设探析

水是人类生产和生活必不可少的宝贵资源，但其自然存在的状态并不完全符合人类的需要。只有修建水利工程，才能满足人民生活生产对水资源的需求。水利工程是抗御水旱灾害、保障资源供给、改善水环境和水利经济实现的物质基础。随着经济社会持续快速发展，水环境发生深刻变化，基层水利工程对社会的影响更加凸显。近年来水利工程建设与管护工作呈现一些问题，使得水利工程的正常运行和维护受到不同程度的影响。文章提出一些具体解决对策，希望可以促进各地基层水利工程建设不断规范有序发展。

一、水利工程建设意义

水利工程不仅要满足日益增长的人民生活和工农业生产发展需要，更要为保护和改善环境服务。基层水利工程由于其层次的特殊性，对当地发展具有更重要的现实意义。

（一）保障水资源可持续发展

水具有不可替代性、有限性、可循环使用性以及易污染性，如果利用得当，可以极大地促进人类的生存与发展，保障人类的生命及财产安全。为了保障经济社会可持续发展，必须做好水资源的合理开发和利用。水资源的可持续发展能最大限度保护生态环境，是维持人口、资源、环境相协调的基本要素，是社会可持续发展的重要组成部分。

（二）维持社会稳定发展

我国历来重视水利工程的发展，水利工程的建设情况关乎我国的经济结构能否顺利调整以及国民经济能否顺利发展。加强水利工程建设，是确保农业增收、顺利推进工业化和城镇化、使国民经济持续有力增长的基础和前提，对当地社会的长治久安大有裨益，水利工程建设情况在一定程度上是当地社会发展状况的晴雨表。

（三）提高农业经济效益和社会生态效益

水利工程建设一定程度上解决了生活和生产用水难的问题，也提高了农业效益和经济效益，为农业发展和农民增收做出了突出的贡献。在水利工程建设项目的实施过程中，各级政府和水利部门越来越注重水利工程本身以及周边的环境状况，并将水利工程建设作为农业发展的重中之重，极大地提升了当地的生态效益和社会效益。

二、水利工程建设问题

（一）工程建设大环境欠佳

虽然水利工程对当地农业发展至关重要，相关部门也都支持水利事业的发展，但是水利工程建设整体所处大环境欠佳，起步仍然比较晚，缺乏相关建设经验，致使水利工程建设发展较为缓慢。尽管近几年水利工程建设发展在提速，但整体仍比较缓慢。

（二）工程建设监督机制不健全

水利工程建设存在一定的盲目性、随意性，致使不能兼顾工程技术和社会经济效益等诸多方面。工程重复建设多以及工程纠纷多，造成了水利工程建设中出现规划无序、施工无质以及很多工程隐患等问题。工程建设监督治理机制不健全导致建设进度缓慢、施工过程不规范、监理不到位，最终表现在施工中存在着明显的质量问题，严重影响了水利工程有效功能的发挥，没有起到水利工程应该发挥的各项效用。

（三）工程建设资金投入渠道单一

水利工程建设管理单位在防洪、排涝、建设等工作中，耗费了大量的人力、物力、财力，而这些支出的补偿单靠水费收入远远不够。尽管当前各地政府都加大了水利工程的建设投入，但对于日益增长的需求，水利工程仍然远远不足。我国是一个农业大国，且我国的农业发展劣势很明显，仍然需要国家大力扶持和政策保护以及积极开通其他融资渠道。

（四）工程建设标准低损毁严重

工程建设质量与所处时代有很大关系，受限于当时的技术、资金条件，早期水利工程普遍存在设计标准低、施工质量差、工程不配套等问题。特别是工程运行多年后，水资源的利用率低、水资源损失浪费严重、水利工程老化失修、垮塌损毁严重，甚至存在重大的水利工程安全隐患。这些损毁问题的发生，与当初工程建设设计标准过低关系很大。

（五）督导不及时责任不明确

抓进度、保工期是确保工程顺利推进的头等大事。上级领导不能切实履行自身职责，不能做到深入工程一线、掌握了解情况、督促检查工程进展。各相关部门不敢承担责任，碰到问题相互推诿、扯皮、回避矛盾，不能积极主动地研究问题和想方设法去解决问题。对重点工程，上级部门做不到定期督查、定期通报、跟踪问效，对各项工程进度、质量、安全等情况，同样做不到月检查、季通报、年考核。

（六）工程建设管理体制不顺畅

处于基层的水利工程管理单位，思维观念严重落后，仍然沿用粗放的管理方式，使得水资源的综合运营经济收益率非常低。水利工程管理体制不顺、机制不活等问题造成大量水利工程得不到正常的维修养护，工程效益严重衰减，难以发挥工程本身的实际效用，对工程本身造成了浪费，甚至给国民经济和人民生命财产带来极大的安全隐患。

（七）工程后期监管力量薄弱

随着社会经济的高速发展，水利工程建设突飞猛进，与此同时人为损毁工程现象也屡见不鲜。工程竣工后正常运行，对后期的监管多地表现出来的是监管乏力，捉襟见肘。监管不力，主要原因是管护队伍建设落后，缺乏必要的监管人员、车辆、器械等，执法不及时、不到位也是监管不力的重要原因。

三、未来发展探析

做好基层水利工程建设与管理意义重大，必须强化保障措施，扎实做好各项工作，保障水利工程正常运行。

（一）落实工作责任

按照河长制湖长制工作要求，要全面落实行政首长负责制，明确部门分工，建立健全绩效考核和激励奖惩机制，确保各项保障措施落实到位。通过会议安排以及业务学习等方式，使基层领导干部深刻地认识到水利工程建设的重要性和必要性，不断提高对水利工程的认识，积极主动推进水利工程建设，为农田水利事业的发展打下坚实的基础。

（二）加强推进先进理念

采取专项培训和“走出去、请进来”等方法，抓好水利工程建设管理从业者的业务培训，开阔眼界，提高业务水平。积极学习周边地区先进的水利工程建设办法、管护理念、运行制度。此外工作人员还要自觉提高自身的理论和实践素养，武装自己的头脑，丰富自身的技能，为当地水利工程建设管理提供强有力的理论和技术支持。

（三）加大资金投入及融资渠道

基层政府要提前编制水利工程建设财政预案，进一步加大公共财政投入，为水利工程建设提供强有力的物质保障。积极开通多种融资渠道，加强资金整合，继续完善财政贴息、金融支持等各项政策，鼓励各种社会资金投入水利建设。制定合理的工程建设维修养护费标准，多种形式对水利工程进行管护，确保水利工程能持之有序的发挥水利效用。

（四）统筹兼顾搞好项目建设规划

规划具有重要的现实指导和发展引领作用，规划水平的高低决定着建设质量的好坏。

因此，规划的编制要追求高水平、高标准，定位要准确，层次也要高。在水利工程规划编制过程中，既要与基层的总体规划有效衔接，统筹考虑，又要做出特色、打造出亮点。对短时间难以攻克的难题，要做长远规划，一步一步实施，一年一年推进，不能为了赶进度，就降低了规划的质量。

（五）抓好工程质量监管加快建设进度

质量是工程的生命，决定着工程效用的发挥程度。相关部门对每一项工程、每一个工段都要严格按照规范程序进行操作，需要建设招标和监理的要落实到位，从规划、设计到施工每一个环节都要按照既定质量标准和要求实施。加快各个项目建设进度，速度必须服从质量，否则建设的只能是形象工程、政绩工程、豆腐渣工程。各责任部门要及早制定检查验收办法，严格把关，应该整改和返工的要严格要求落实。

（六）健全监管体制

对建成的水利工程要力求做到“建、管、用”三位一体，管护并举，建立健全起一套良性循环的运行管理体制。完善工程质量监督体系，自上而下、齐抓共管，保证工程规划合理、建设透明、质量过硬，确保每个环节都经得起考验。此外还要加大对水利工程破坏行为的打击力度，增加巡察频次，增添巡逻人员，制订巡查计划，确定巡查目标和任务，细化工作职责，防止各种人为破坏现象的发生。

（七）加大宣传力度组织群众参与

加大宣传力度，采取悬挂横幅、宣传标语以及利用宣传车进行流动宣传等方式，大力宣传基层水利工程建设的新进展、新成效和新经验，使广大群众了解水法规、节水用水途径、水工程建设及管护等内容。此外还可以尝试如利用网络、多媒体、微信等新平台做好宣传工作，广泛发动群众参与，积极营造全社会爱护水利工程的良好氛围。

（八）借力河湖长制共推管护工作

当前河湖长制开展迅猛，各项专项行动推进及时，清废行动、清“四乱”等行动有效促进了河湖及各类水利工程管护工作的开展。水利工程在河湖长制管理范围之列，是河湖管护的重要组成部分，水利工程管护工作开展的好坏，也很大程度影响着河湖长制的开展，利用好河湖长制发展的东风，是推进水利工程管护工作的良好契机。

我国是水利大国，水利建设任重道远，水利工程的正常运行是关系国计民生的大事。我国人均水资源并不丰富，且时空分布不均，更凸显了水利工程建设的重要性。阐述水利工程的重大意义，分析基层水利工程建设管理中存在的问题，探索未来基层水利工程建设管理方法，旨在与各工程建设管理工作者探讨交流。

第二节 水利工程建设监理现状分析

近年来，工程监理制度在我国水利建设中得到了全面推行，其在水利工程中的应用也起到了非常重要的作用，尤其是在工程质量、安全、投资控制等方面，取得了特别显著的效果。但是由于我国推行监理建设机制的时间还不长，在许多方面都处于刚刚起步阶段，还存在着一些不足之处。

一、水利工程监理工作的特点

首先，它是公平和独立的。在水利工程建设阶段，当承包人与发包人之间存在利益冲突时，监理人员可以根据相关原则和操作规范，有效地调整不同利益相关者之间的关系。其次，实现了工程管理与工程技术的有机结合。一名合格的水利工程监理人员需要具备扎实的专业知识基础，以及良好的协调管理经验。

二、水利工程监理现状

（一）对于监理工作的认识不到位

目前，部分建设单位招投标后，大多是锚定施工。为了节约成本，按照招投标承诺，有效地设立了项目经理部，配备了相关人员，导致施工人员素质参差不齐，大部分施工质量不佳。本单位对监理工作不够重视，不配合监理部门的监理工作。它认为监理工作是一项可有可无的工作，甚至有些建设单位把监理当作建筑工人，把质量检验工作和风险转嫁给监理。理解上的错误导致行动上的轻视。施工部门很少认真执行“三检”制度。质量缺陷（事故）经常发生，进度滞后。建设单位经常将监督不力归咎于监督不力。特别是在小项目中，施工单位往往采用当地的做法来解决施工问题。忽视行业规范要求，监管成为不良后果的替罪羊。这些行为使监管部门不知所措。提高施工部门和施工单位对监理工作重要性的认识，对监理工作的顺利开展具有重要意义。

（二）监理体系不健全，监理制度不完善

部分工程监理单位管理体制不健全，管理体制不健全，管理程序不规范，管理职责不明确。缺乏完美的会议系统，检测系统，检测系统和监督员工工作评价体系，工程施工控制缺乏系统监督保障机制、监督内容不详细，监管目标不具体，监督人员分工不明确，具体操作不方便，导致了工程质量、进度、和投资不能严格、有效的控制，这给工程建设管理带来了许多问题和困难。

（三）监理人员的素质参差不齐

众所周知，水利建设单位的监理人员必须通过考核并登记上岗。但是，从我国各单位监理人员的工作现状来看，很多持有监理证书的人员只是在企业登记中注册，并没有参与过监理工作。在中层，本单位实际从事监理工作的人员大多没有通过考核，只是经过短期培训后才上岗，或者大部分是转岗的。例如，让设计师作为主管从事设计工作。缺乏相关监理工作经验，不熟悉施工质量控制要点。缺乏一定的监管经验和相关协调经验。

（四）市场经济体制不断变化

随着社会分工的不断细化，许多行业都将精细化管理纳入内部，监理单位对项目的全过程进行了有效的监督。在新的市场经济背景下，监理单位必须加强自身专业水平的建设工作，勇于开拓、敢于创新，将自身服务领域融入各个方面，逐步形成项目管理、专业咨询、工程监理等。作为一个综合性产业。

三、加强水利工程监理工作的相关策略

（一）提升水利工程监理有效性的措施

①各级主管部门应当加强对本辖区内水利工程建设监理单位的监督管理。违反规定或者存在安全隐患的工程，应当责令停止，并大力整顿监理风。并加大社会监督宣传力度，加深对监督的认识，以消除一些人对监督的误解。②建立监督部门“红名单”和“黑名单”制度。认真履行监督职责的部门进入“红色名单”，给予一定的物质奖励和精神奖励，提高监督积极性；对监事或在随机变更投标文件中确定的监事将存在严重的质量问题。监督单位和人员必须进入“黑名单”，并将不良行为记录在案。如果有必要，他们应该受到一定的惩罚，从根本上遏制监管部门的无耻行为。监管部门只攫取业务，不谈质量。③提高监理人员的专业素质。可以邀请专业人士讲解一些专业知识，提高监理人员的专业素质，同时结合监理过程中的一些实际案例，不断提高监理人员的工作技能。此外，将扩大高素质人才的招聘，提高监事的薪酬水平，使监事部门有一定的财力招聘一些高素质人才；加强对监理人员的监督管理，做到认真、公正、廉洁。依法治水，有利于水利工程建设。

（二）加强施工阶段监理控制的措施

水利工程具有高度的复杂性、综合性和系统性，施工过程和内容较多。为此，有关部门和人员必须做好施工阶段的监理工作。具体可以从以下几个方面着手：一是水利工程企业要结合工程的具体特点，制定健全可行的监督管理制度，严格执行各方面制度，严格惩处人员违纪行为。其次，水利工程监理人员必须严格监督施工过程，确保每个施工人员都能按照施工标准进行施工。最后，监理人员应在施工现场设置监控点，并将计算机电子设备引入监控点，对施工现场进行动态监测，及时发现问题，及时消除潜在的质量隐患。

（三）水利工程施工后期监理工作

水利建设后期的监理工作一般包括以下几个方面：一是监理人员必须定期组织工程验收工作。在实践中，必须严格遵守国家有关规定和标准；第二，制定健全可行的维修管理计划，定期进行工程维修工作，确保项目寿命和成本的节约。同时，水利工程监理人员还应根据实际情况对施工方案进行细化，并在不同阶段纳入不同的质量标准。

水利建设的过程中，只有建立健全监督工作制度，监督工作的改进系统，工程监理工作的标准化程序，项目的充分发挥监督功能，和“四控制、二管理、一协调”的工作可以使水利工程的监理工作已进入科学的操作记录，程序，标准和标准化，从而促进水利工程的健康运行和可持续发展。

第三节　水利工程建设环境保护与控制

在当今社会发展进步的过程中，我国建设的各项水利工程发挥出了重要作用。尤其在水利运输与发电、农业灌溉与洪涝灾害等方面，更加体现出了我国水利工程建设的强大。为了加快我国社会主义现代化经济的提高，我们对水利工程的作用需求也进一步提高。但是在注重水利发展的同时，我们要更加注重保护生态环境，应充分考虑到生态环境与水利发展之间的利弊关系，权衡两者之间可持续发展的可能性，因此我们需要寻求一种良好的机制来完善环境保护的措施，真正为我国水利工程的发展提供可持续的强有力的保障。

我国作为综合经济实力在世界排名靠前的大国，确也存在水资源贫瘠的短处。而正是通过我国这些水利工程的建设，才将我国的水资源合理调配。与此同时，这些水利工程的建设使我们深深感受到了其所带来的有益之处，比如闻名于世的三峡大坝工程就给人们的交通运输、水力发电、农业灌溉以及防洪防涝带来了便利。充分合理的开发水利建设是符合我国的发展战略计划与基本国情的，但近年来的调查结果却显示，水利工程的建设会导致生态环境失去平衡，而且往往越大的工程给环境带来的影响越严重。

一、水利工程建设对生态环境造成影响

在建设水利水电工程中都会对生态环境造成一定程度的破坏，其中调查表明分析出了有以下主要方面的影响：

（一）对河流生态环境造成影响

大多数的水利工程需要建设在江流湖泊河道上，而在建设水利工程之前，江河湖泊等都有着其平衡的生态环境。在江流河道上建造水利工程往往会导致河流原来的生态环境受到影响，长此以往，会严重破坏河流的生态环境导致河流局部形态的变化以及可能会影响

主体及检测主体的协作配合的全面、全过程的监督管理，方法主要是通过现场隐蔽工程质量验收监督、主体结构验收监督和随机抽查监督为主要形式，把各方主体质量行为和活动结果纳入监督范畴，环境质量的监督渗透于各监督全过程，也是质量监督的重要组成部分。

通过施工中的监督，保证各主体质量行为规范，质量活动结果有效，国家和公众质量利益通过实体有效操作全面得以实现，保证施工过程质量在受控状态，确保施工阶段水利工程质量。

三、工程竣工后的监督管理

竣工后的质量监督管理是水利工程投入使用的把关监督管理。水利工程质量监督应延伸到项目保修阶段。

水利工程建设质量监督首先要保证不符合质量标准要求的水利工程不能投入使用，避免低劣工程对国家和公共使用者造成直接危害和影响。其次是把维修、维护质量监督纳入水利工程全寿命质量监督管理范畴：一是杜绝或减少由维修和维护过程中的违规行为造成对已有水利工程地基基础、主体结构和环境质量的破坏，引发质量事故；二是避免由于维修、维护的质量达不到要求给国家和公众用户的生产生活环境造成直接损失。

工程竣工后的监督应着重把好两关：一是严格对其竣工验收备案的审查、监督，确保备案登记的可靠性、权威性和有效性；二是加强对维修、维护过程中的质量监督管理，使水利工程全寿命期内的质量目标有效实现，为用户创造安全、舒适、健康的生产、生活环境，使水利工程质量实现可持续发展。大力提倡和推行工程质量保险，将工程质量管理纳入经济管理范畴，以解决工程交付使用后发生质量问题管理单位找不到责任方的后顾之忧。

水利工程建设质量监督机构应针对工程质量的事前控制、过程控制、事后控制三大环节，在做好过程监督和工程违规行为的严肃查处同时，加强工程质量事前监督，提高监督工作的预见性、服务性。当工程质量出现下降趋势或工程施工到难点部位、易出现质量通病的部位时，监督人员应及时到现场提示和指导，以此扭转滞后监督、被动应对的局面。

第五节　水利工程建设中主体工程水土保持治理

在现阶段的水利工程建设中，如何更好地实现水土保持是工程管理中的一项重要内容，但是受到多方面因素的影响，施工单位在这一方面予以的各项管理明显不足，致使该项工作相对薄弱，同时也增加了水土流失的可能性，对于环境、土地等等方面的治理会产生诸多不利影响，其中主体工程水土保持与治理是较为重要的一部分。因此，从实际角度出发来对水利工程建设中主体工程水土保持治理进行详细，并提出针对性策略是十分重要的。

一、水利工程建设水土流失概述

（一）水土流失特点

若是从工程的角度进行分析，现如今我国水利工程中，出现的水土流失情况主要具有以下几方面特点：第一，是点状工程水土流失。一般情况下，在水利工程建设的前期阶段，都是需要通过道路修改来保证工程交通可以畅通无阻，在这一种情况就会出现土石方掉落、石头掉落等等诸多情况，而沿岸的植被也会受到较大的影响，进而导致水土流失现象严重，且在施工过程中废料的随意堆放，堆放的方式也会受到点状特征的影响，使得这些土地呈现出点状分布被逐渐破坏；第二，线性水土流失特点。在水利工程建设的过程中，线路十分众多且长，施工环节也相对复杂，这也就导致工程中水土流失的形式也会相对特殊，比如塌陷、滑坡等等，更为严重的情况还会出现泥石流。除此之外，为了保证工程建设质量，在实际开展各项工作的过程中还会出现线性分支，这一分支会对土壤造成较大伤害，且就目前的工程情况来看，无法从根本生予以有效防治，尤其是在路面建设的过程中水土保持更是尤为困难。

（二）危害性分析

随着现如今我国经济的快速发展，如何保证各种能源应用的稳定性，已经成为推动社会发展的关键性因素。水利工程建设就是为了达到这一目的，然而这一工程进行却会为大自然增加一定的压力，造成较为严重的水土流失情况。目前，在我国水土流失的面积已经达到了 42%，而水土流失的最主要诱因是受到水力侵蚀与风力侵蚀的影响。其导致的最为直接的后果，就是河流断流、水量减少，而山区丘陵沙漠化严重等等，这些都是因水土流失所产生的危害，甚至有一部分地区降水有明显的减少，河道也出现了淤泥堆积严重的情况，生态环境遭受到严重破坏。

二、水利工程建设中主体工程水土保持治理的有效策略

基于上述分析，为了避免在水利工程建设过程中出现较为严重的水土流失情况，施工单位在今后就需要加强对主体工程水土保持治理工作的有效控制，结合实际情况来采取具体、针对性的措施，为工程顺利建成奠定基础。

（一）高度重视水土保持治理工作

现如今，对于水利工程建设过程中存在的水土流失问题，施工单位已经引起了相应的重视。为了实现人与自然的和谐相处，促进彼此之间的共同发展，就必须要从人类自身的行为方面做出改变，将生态保护工作作为一项基本的工作内容，贯彻到整个施工环节，同时保证施工的所有流程符合“绿色环保”这一时代主题。目前，针对水土流失问题最为有

效的解决方式，就是实现水土保持，减少水土流失出现的可能性。一方面，施工单位的领导应予以这一项工作高度重视，并且将有关水土保持治理方面的相关内容，作为主体工程施工中一个重要部分，然后从实际角度出发，结合水利工程建设的实际情况来落实水土保持工作；另一方面，在进行施工的过程中应注意提高水体的渗透量，比如设置梯田、水库等等方式方法，使得水利工程的蓄水能力可以有所提升。通过这种方式，来保证水土的可持续利用与发展，减少自然灾害发生的频率，实现对自然生态环境的有效保护，为水利工程建设质量的提升奠定基础，充分发挥其对生态环境所产生的积极作用。

（二）加强各环节施工防护

防护工作大致是可以被划分为三个部分：第一，边坡防护。在施工过程中，边坡防护主要是为了充分保证工程高边坡的稳定性，其中还包括减载、压迫建设，而排水工程则是要利用锚索、锚杆等等来对一些岩质高的部分进行加固，从实际施工角度出发来设计一些防滑桩、挡土墙等等，保证工程的顺利进行。第二，材料厂与堆土场的施工防护。在进行水利工程建设的过程中，会大量开采石料，用于工程建设，这也就会导致一些灾害事件的发生，而废料中所含有的散土成分，则是会在水的冲刷下出现水土流失的情况。因此在该项施工的过程中必须要修建挡土墙，对其加以保护，同时修建排水沟，减少水流对于废料的冲刷，从而减少水土流失的情况。第三，道路施工措施。目前大部分所采用边坡排水沟的方式来避免在道路施工中出现水土流失的情况，使得水可以在正确的引流下朝着合理方向行进，减少对工程的影响。

（三）实现对土地资源的合理利用与开发

目前，我国对于土地资源的开发与利用缺乏合理性，虽然可以在短时间之内获得一定的经济收益，但是却不利于长期的发展。因此，在今后的过程中，相关部门必须要从发展的角度来对土地资源的利用情况进行分析，在考虑到经济效益、社会效益的同时，还需要将生态效益纳入到考虑范围，进而为其今后发展创造有利条件。在此基础上，施工单位也需要具有较强的水土保持意识，重视对土地资源的合理运用。

综上所述，水土流失问题不仅是出现在自然环境中，同时也会受到人类活动方面的因素而产生。水利工程建设会在一定程度上影响到地区水系，而主体工程施工，也有可能增强水土流失现状。因此，在今后发展的过程中，施工单位必须要高度重视水土保持治理工作、加强各环节施工防护、实现对土地资源的合理利用与开发，借此来实现主体工程建设过程中的水土保持治理工作，为水利工程的顺利建成，以及当地生态环境的保护提供充足保障。

第六节　水利工程建设征地移民安置规划

在目前看来，很多地区都在着眼于建成规模较大的水利工程，因而将会涉及移民安置以及征地的难题。从本质上讲，水利工程本身带有公益性特征，那么针对现阶段的水利项目建设有必要妥善规划移民安置。各地如果能运用适当举措来进行全方位的征地移民安置，则有助避免尖锐的工程征地矛盾，并且还能保证实现顺利的水利项目建设。在此前提下，各地在现阶段尤其需要做好综合性的水利建设征地移民安置，同时也要紧密结合当地的水利建设现状来拟定移民安置与工程征地的基本规划。

水利工程建设若要得以顺利推进，那么不能缺少征地环节。但是实质上，各地在开展移民安置与征地过程中通常都会引发多种冲突与矛盾。探究其中的根源，应当在于当前仍有较多的项目业主并未能真正关注移民安置，而是仅限于关注建设水利工程可得的效益与利润。并且，作为工程设计方如果没能达到科学性较强的项目征地设计，则也会阻碍顺利安置当地的移民。因此可以得知，水利工程建设牵涉到较为复杂的征地移民安置以及其他工程问题，相关部门对此有必要引发更多关注。

一、水利工程建设中的征地移民安置难题

（一）忽视基础性的征地移民安置问题

近些年以来，较多地区由于忽视了征地移民安置，因而引发了工程业主以及当地民众之间的较多冲突。相比于市场化的其他工程类型来讲，水利工程本身带有突显的公益性。与此同时，地方政府的基本职责就在于辅助完成全方位的水利建设与水利开发。但是长期以来，水利工程的很多业主或者当地有关部门都欠缺必要的安置移民意识。各地由于忽视了移民安置，那么将会埋下深层次的矛盾与隐患，以至于阻碍了顺利推行现阶段的水利项目建设。

（二）无法保障水利建设质量

很多水利工程都设有紧迫的施工期限与较短的工程设计周期，在此前提下，各地通常都很难全面保障应有的水利建设质量。具体而言，由于受到紧迫工期给整个水利建设带来的突显影响，那么业主需要在一年或者更短的时间段内完成初期性的项目设计、可行性研究与拟定项目建议规划等相关操作。经过审核以后，项目建议书如果没能达到应有的工程设计效果，那么还需予以反复纠正。为此，目前仍有较多的水利工程建设表现为赶超工期情形，工程业主也无暇顾及征地移民安置。当前关于拟定整体性的水利建设规划通常都无法涵盖全方位的移民安置规划，同时也很难做到全方位的工程设计把关与移民安置协调。

二、做好全方位的征地移民安置规划

从本质上讲，征地移民安置的举措应当被纳入水利建设的整个进程中。但是在目前看来，各地在开展水利建设时并没能达到最佳的移民安置效果。究其根源，应当在于有关部门及其负责人员本身欠缺必要的移民安置意识，对于水利建设效益给予了过多的关注。未来在征地移民安置的具体实践中，核心举措仍然应当在于拟定移民安置的总体规划，其中涵盖了如下的移民安置规划要点：

（一）全面转变目前关于征地移民安置的思路与认识

对于征地移民安置如果要保证其达到最佳的移民安置效果，那么必须依赖于全方位的认识与思路转型。因此在目前实践中，作为各地的水务部门以及水利工程业主都要转变自身的认识，并且确保能真正意识到征地移民安置具备的重要意义。作为业主来讲，应当能够认真倾听当地民众对于推行当地水利建设的见解与意见，然后确保将上述意见全面纳入当前的工程建设规划。唯有如此，水利工程建设才能确保优良的工程实效性，并且消除了潜藏性的征地移民矛盾。

例如工程业主在拟定关乎移民征地的详尽规划以前，首先应当作好综合性的前期调研。通过施行全方位的可行性论证，工程业主即可给出适合于当地目前真实状况的征地移民具体规划。与此同时，作为地方政府、工程设计单位、项目业主与其他各方主体都要着眼于紧密进行配合，确保能够做到综合性的利益协调，而不至于伤害到当地民众的权益。

（二）有序落实基础性的移民安置规划

征地移民安置的相关规划涵盖了较多的要素，并且表现为内容繁杂的特征。同时，各地若要做好综合性的征地移民安置，那么还应当注重协调各方权益与各方利益。在此过程中，各个部门有必要做到紧密协作与配合，如此才能创建必要的联动机制，进而达到较强的水利建设规划合力。

具体在实践中，对于基础性的移民规划工作有必要做好全面验收，并且做到优化匹配项目资金、统筹考虑项目建设以及优化调配资源的各项基础工作。作为水利工程征地移民工程的咨询行业人员应当耐心解答当地居民的疑惑，确保达到成功落实当地移民安置的目的。

设计与制定移民安置方案是否能达到应有的方案合理性，其直接关乎当地民众的利益与当地社会和谐。关于基础性的工程移民安置规划应当格外关注制定移民方案与调查各项实物指标。具体针对调查实物指标的相关操作来讲，作为地方职能部门、工程项目业主以及工程设计单位需要做到彼此之间的紧密配合，从而保证获得可靠与精确的项目调研结论。与此同时，关于拟定总体的移民安置方案也要妥善避免矛盾与冲突的出现，尤其需要全面防控群体性的移民上访事件。

（三）注重前期开展的征地移民管理

征地移民安置包含了较为烦琐的前期流程，那么有必要注重开展前期性的征地与移民管理。具体而言，各地在调查实物指标以及确定安置移民的基本方案时，都要将上述举措建立于科学结论与科学数据的前提下。并且，当前关于开展综合性的征地移民安置也要紧密结合现有的法规与政策，从而将移民安置的各项行为都纳入法规约束的视角下。各地关于当前的水利建设只有做到了上述转变，才能从源头入手来切实保障当地移民的权益。

此外，关于前期性的规划与统筹工作也要予以更多重视。作为工程业主有必要积极配合当地水利部门，从而做好全方位的实物审批以及其他有关工作。依照现行的实物指标调查规定，各个相关方都要明确自身具备的调查职责所在。并且，关于当前存在的真实移民问题也要着眼于妥善处理矛盾，争取最佳的移民安置效果。

经过分析可见，水利工程建设是否能达到顺利进行的程度，其在根本上决定于工程移民安置。进入新时期后，很多地区都在着眼于关注征地移民安置，并且对此拟定了相应的移民安置规划。然而不应当忽视，当前关于建设水利项目仍然很易引发较为尖锐的征地移民安置矛盾。因此在该领域实践中，作为工程业主以及当地有关部门仍然需要做到紧密配合，通过施行相应的移民征地安置举措来落实当前的水利建设目标，从而服务于水利工程整体建设效益的提升。

第四章　水利工程施工技术的概述

第一节　水利工程施工技术中存在的问题

水利工程建设是关系到国计民生的基础设施建设，其和我国的基础经济如农业的发展有着极其紧密的联系，加强水利事业工程建设必然是一项功在当代利在千秋的大好事情。当前，随着我国对水利事业的重视程度不断加大，水利事业得到了极好的发展，并且在国家层面也提出了相应的管理措施来确保我国水利工程建设的顺利推行，从而为实现国泰民安的大计提供基础支撑。尽管当前我国水利事业取得了长足的进步，但是由于历史遗留问题，导致目前的我国水利工程建设施工中存在一些问题，这些问题的如果不能得到很好的解决，未来必然会对我国的水利工程建设产生较为严重的影响。基于此，本节紧紧围绕分析水利工程施工技术中存在的问题及解决措施这一话题，首先分析了水利工程中的施工技术相关基础性内容，然后重点分析了当前水利工程施工中存在的几大主要问题，并针对相应的问题提出了解决措施，从而以作指导。

水利工程主要是针对容易出现水患或者干旱区域，通过开挖沟渠或者修建大坝的方式将原本的水之相关危害人们生活的问题转化为利国利民的好事情的一种重要工程建设内容。对于水利工程来说，其同我国的基础经济结构如农业的发展有着直接的关联，由此可见水利工程建设的重要性。近年来，随着我国对于水利事业的重视程度不断增加，使得我国的水利工程建设进入一个新的历史发展机遇期，但是为了更好地服务于人民，服务于社会就需要解决当前水利工程建设施工中的相关问题，才能更好地切入这一历史机遇期之轨道中，从而实现水利事业的良好的发展过程。本节基于此，重点分析了当前我国水利工程施工中存在的几类主要问题并给出相应措施，从而为相关问题改善和解决提供基础思路。

一、水利工程中的施工技术相关概述

水利工程是利国利民的基础建设工程，其在施工建设的过程中有一个重要的工程内容就是修建大坝对河道进行疏通，此时极为重要的工作内容就是导流设计，其如果设计得当，那么对于工程建设的周期将有一定程度的缩减，使得工程建设能够提前完成，降低施工成本。此外水利工程在正常导流后还需要做好施工前期工作，这主要需要根据施工区域的地

质地理条件以及实际的施工情况，来采用较为先进的地基处理技术来优化施工处的地基，从而实现对该施工区域的地基的加固，以此实现地基的稳定。此外对于地基加固来说，还可以采用预应力锚固技术来利用预应力混凝土来进行地基的固定，实现地基的稳定。开展以上工作后就是进行相关方面的施工，对于施工来说一个非常重要的施工技术就是大体积碾压混凝土技术，该技术是一种较为先进的大坝施工急速，其具有防渗性能强，混凝土体积小的优点，其能够有效地实现高强度的土石压实填充，有助于提高工程进度和质量。

二、水利工程施工技术中存在的问题分析

（一）施工操作人员的综合素质技能不佳的问题分析

当前随着机械化程度的提升，在水利工程建设过程中已经实现了较高程度的机械化施工。对于机械化施工来说，主要是采用计算机控制，这就对施工人员提出新的要求，那就是施工人员需要具有计算机操作能力，但是由于施工人员的整体文化水平不高，导致对于计算机的操作能力不佳，是当设备出现故障的时候，难以通过计算机技术来实现对故障的定位和排除，如果长期处于这一状况，必然会导致水利工程建设遭遇很大的问题，严重影响工程进展。因此如果不加强对这些低素养的过程施工人员的能力提升，势必会对我国的水利工程建设带来很大的制约，甚至造成无法挽回的损失，严重影响建设质量。

（二）施工前期勘探准备不够充分的问题分析

施工前期勘探相关的准备工作不够细致充分，导致后期计划开展严重偏差的这一情况也是水利工程施工建设中一类重要问题。一般来说，工程施工建设的前期，最为关键的一个工作就是施工区域的地质勘探，通过对施工场所的地质因素、环境因素等相关信息的全面收集并加以科学合理的处理，来得到该区域的地质具体情况，并结合施工要求来制定合理的施工计划方案。但是很多工程建设前期对于地质勘探工作重视程度不够，勘探人员勘探技术不佳或者不全面，导致形成的施工设计方案缺乏有效的理论支撑，进而在实际操作中就会对工程施工建设造成严重影响，从而使得工程建设难以顺利开展。

（三）水利工程施工相关的制度不够完善的问题分析

制度问题是水利工程施工建设中的根本问题，这一问题的关键就是制度的缺失导致工程相关的工作缺乏行之有效的约束，使得各项工作处于管制的真空区域，而水利工程建设是一个系统性建设过程，其涉及的面广泛且环环相扣，因而非常容易出现各种问题，而这些问题在层层施工建设环节的紧扣中被不断突出和放大导致形成无法挽回的严重问题，使得工程建设处于风险之中，造成工程无法继续开展。这些问题的出现，不仅会给相关的企业带来严重的损失，同时也给国家的基础建设领域带来严重的冲击，导致无法实现应有的战略目的。

三、水利工程施工技术中存在的问题解决的具体措施分析

（一）加强施工操作人员队伍建设的具体措施分析

加强施工操作人员队伍建设是改善施工操作人员的整体素养的一种有效办法。对这一措施的具体内容主要包括高素质施工人员的引进和对已有员工的技术培训。对于前者来说，主要是利用高薪来聘请具有计算机操作水平的工作人员填充到工作队伍中，起到带头作用，利用强者带弱者的方式来促进工作队伍整体素质提升的良性循环；对于后者则是聘请具有高素质的培训人员对工程施工人员进行培训，通过培训的方式来逐渐提升施工操作人员的水平，使其能够适应于当前的工作岗位，从而为工程建设提供基础支撑。

（二）做好施工前的准备工作的具体措施分析

做好施工前的准备工作是改善施工前期工作准备不足的局面，具体的做法就是做好施工现场的地质条件的科学有效勘探，这就要求相关方面首先需要加强对该工作内容的重视，然后在此基础上，提供足够的资金投入，并加强相关工作人员的能力培训，并做好相应的工作安排，从而规范化工作内容，使各项工作在有条不紊的环境下顺利开展，从而有助于改善这一问题。此外，也要加强对勘探数据的合理化处理以及施工建设方案的合理化设计和验证，在确保考虑实际情况影响下能够满足要求的前提下方可开展相关工作。从而为高质量施工过程提供指导。

（三）完善水利工程施工相关制度的具体措施分析

完善水利工程施工相关制度是改善当前水利工程施工建设过程中的主要问题的根本方法。一般来说制度是约束和规范化工程施工各项工作的基础，也是降低出现各种问题的根本方法，由此可见这一措施是非常重要的。对于这一措施，具体的内容主要包括完善工程施工管理制度以及工程人员管理制度。对于前者主要是要完善工程施工过程中对于施工设备，材料以及施工技术和施工进度的现场监管制度，利于强有力的制度建设来约束各项工作的有条不紊地进行；对于后者主要侧重于对人员的管理，主要内容就是对施工操作人员进行业绩考核管理，技术技能管理以及权责管理。通过这些管理制度的约束来明确各个过程操作人员的具体工作内容以及对应的权责，从而实现对该人员的工作情况进行有效，从而使得工程建设过程得到相关的基础保障。

水利工程主要是针对容易出现水患或者干旱区域，通过开挖沟渠或者修建大坝的方式将原本的水之相关危害人们生活的问题转化为利国利民的好事情的一种重要工程建设内容。一般来说，水利工程建设是关系到国计民生的基础设施建设，其和我国的基础经济如农业的发展有着极其紧密的联系，由此可见水利工程建设的重要性。近年来，我国的水利工程建设进入一个新的历史发展机遇期，尽管当前我国水利事业取得了长足的进步，但是

由于历史遗留问题，导致目前的我国水利工程建设施工中存在一些问题，这些问题如果不能得到很好的解决，未来必然会对我国的水利工程建设产生较为严重的影响。为了更好地服务于人民，服务于社会就需要解决当前水利工程建设施工中的相关问题。基于此，本节首先分析了水利工程中的施工技术相关基础性内容，然后重点分析了当前水利工程施工中存在的几大主要问题，并针对相应的问题提出了解决措施，为从事相关行业的工程技术人员提供基础指导意见。

第二节　水利工程施工技术要点

水利工程是关系到国计民生的重要工程，其质量直接影响到所在地区经济的发展速度，因此一定要狠抓施工技术，提升施工质量，确保工程项目作用的有效发挥。本节重点对水利工程施工技术要点进行论述。

一、水利工程中土方工程的施工技术要点

土方工程是水利工程中的重要环节，必须要引起高度的重视，本节从以下几个方面进行分析。

第一，做好土方开挖工作。水利工程施工建设中土方施工是不可避免的，在进行土方开挖的时候，一定要保护好相邻的建筑物，避免在开挖过程中对周围建筑物的地基带来不利影响。且需要注意的是，在土方挖掘中一定要保持较快的速度，尤其是在冬季作业时，避免出现地基受冻的情况。

第二，基坑施工要点分析。土方挖掘完成之后，施工人员需要对基坑的底部做好保温工作，并且要做好基坑的排水工作，防止出现积水现象而造成基坑土壁存在潜在的塌方危险。

第三，土方回填施工要点。在进行土方回填的时候，一定要保证施工现场道路通畅，提升回填的安全性。同时，在进行回填施工之前需要清除基坑底部存在的杂物和保温材料，不能够有任何残留。回填时要根据施工要求保证好土层的厚度，并要做好夯实工作。

除上述几点施工中要掌握的技术要点外，还需要注意环境因素对施工质量的影响。一般情况下要尽量地避免冬季施工，施工之前要进行现场勘察，制定科学合理的施工方案，并在施工技术方面进行必要的研究。为了确保施工进度和施工质量，要做好施工现场的管理工作。

二、水利工程施工中桩基工程技术要点

在水利工程项目施工中，桩基础施工技术中需要注意的要点有以下几个方面。

第一，做好测量定位工作。相关人员需要做好现场的勘察工作，对桩位进行测量和放线，在完成之后，现场监理人员要对施工情况进行确认和审核，符合施工要求才能够进行后续的施工操作。同时，必须要对基准标高和孔位进行严格控制，保证其符合设计要求和施工规范要求。

第二，做好开孔和清孔工作。施工人员需要以现场勘察报告作为基础，比较孔深和等高线，以更好地巡视并记录岩土层，并进行科学取样。实际施工中需要对桩基的具体情况进行检验，保证桩基的稳定性，严格把控好钻孔过程，对其中可能潜在的问题要记录，做好监督管理。钻孔时一定要检测并控制平整度及垂直度，对于出现的偏差要及时调整，保证开孔的质量。

在钻孔结束之后则要进行清孔工作，具体来讲，施工人员需要将钻头从钻孔中抽离出去，确保孔壁安全的前提下初步稀释泥浆，并在这个过程中不断地注入新的泥浆，这样能够更好地将孔底部的泥块打碎，并在泥浆的作用下更快地从孔内排出。

第三，钢筋笼施工要点。在制作钢筋笼的过程中涉及不同的阶段，这样能够确保钢筋接头在连接的同时能够错焊接，监理人员一定要对焊接过程进行监督管理，确保焊接质量。在完成钢筋笼制作之后要进行放置，一定要垂直孔洞放置，且要注意下放的时候一定要轻，避免钢筋笼出现变形的情况，也防止孔壁出现塌方的现象。

在混凝土浇筑之前一定要对混凝土的坍落度进行检查，保证其在 180 ~ 220mm 之间。对孔内导管距离孔底的长度进行检查，符合施工要求。要根据压力平衡法计算出混凝土的灌注量，且需要保证导管在首次灌注混凝土之后埋入混凝土的部分必须要达到 1m 以上，且需要将铁丝剪断之后将隔水栓埋入底部的混凝土当中。后续灌注的混凝土必须要及时地补充，保证施工的连续性。一般情况下，导管在浇捣的过程中埋入混凝土的深度控制在 2 ~ 6m 之间，具体的深度需要结合施工要求确定，以免出现拔空的现象。

三、水利工程冬季施工技术要点

上文中提到在水利工程施工中要避免冬季施工，但是由于水利工程项目的施工工期较长，冬季施工难以避免，在这种情况下就需要采取科学的施工措施确保施工质量。

在冬季施工中，一定要制订科学且详尽的施工计划，并选择恰当的施工技术，施工中要做好运输道路的防滑工作，并且做好基坑内部的排水工作，避免冬季基坑存在积水而出现冻融循环现象，破坏基坑下部的结构，影响到基坑的稳定性，严重时将会出现坍塌现象。

冬季施工中，最需要注意的是混凝土施工。冬季进行混凝土施工时，一定要选择适合冬季施工且满足工程质量要求的水泥，确保混凝土的性能等级。在混凝土冷却到 5℃以后才能够进行模板和保温板的拆除工作。如果混凝土的表面温度和外界温度差在 20℃以上时，拆模之后必须要将混凝土覆盖，待其慢慢冷却之后才能够将覆盖物拿掉。在拌制混凝土时不能够使用含有冰雪和冻块的骨料，如果施工环境温度在 1℃左右的时候，为了确保混凝土的强度，可以在水泥当中掺入适量早强剂。

混凝土施工中，要避免砂浆在运输和拌制的过程中出现热量损失的现象。因此砂浆的拌制要在保温棚中进行，需要多少拌制多少，一次的储存时间最好不要超过一小时，拌制的地点要靠近施工地。

砌体每天的砌筑高度不要超过两米，且每天的砌筑工作完成之后需要填满顶面的垂直灰缝，并要覆盖保温板，现场要增加留设试块，并且需要在同等的条件下进行保养，通过试块对现场砌体的结构强度进行检测，及时发现问题并加以修正。

四、其他具体施工技术要点分析

在水利工程施工中涉及的施工环节较多，每个环节都要采取恰当的施工技术，并确保技术应用的科学性。

水利工程施工中隧洞施工衬砌及支护技术分析。在水工隧洞施工中主要包括开挖、出渣、衬砌或支护、灌浆等主要施工各环节，每个环节都要确保施工质量。现浇钢筋混凝土和喷锚支护是当前施工中较为常用的衬砌及支护形式。现浇衬砌施工中，主要进行分缝分块、立模、扎筋、混凝土振捣密实等操作。如果施工中选择采用砂浆锚杆模式，则要保证锚杆插入之前在钻孔内注入砂浆，待砂浆凝结硬化之后就能够形成钢筋砂浆锚杆。

水库土坝防渗加固技术也是水利工程施工中应用到的重点技术。很多水库的土坝都会出现渗水、跌窝等现象，严重的时候将会造成土坝变形渗漏，影响到水库的正常运行。在这种情况下就需要采取防渗加固处理技术，对坝体进行劈裂灌浆，并对坝肩、坝底基岩进行帷幕灌浆，通过这种方式在坝体的内部形成连续的防渗体，这样能够降低坝体浸润线，有效地解决坝后坡的渗漏现象，保证了坝体的稳定。

水利工程施工建设利国利民，在项目建设中为提升质量一定要采取科学的技术措施。本节重点对当前水利工程施工中的技术要点进行了分析论述，在今后施工建设中，力求不断提升施工技术水平，确保水利工程项目性能的有效发挥。

第三节　水利工程施工技术的几点思考

在社会飞速发展的现在，人们的生活水平越来越高。为了满足大众日益增多的需求，推动社会稳定发展。我们更应该做好水利工程施工技术的研究工作，从技术上不断的革新，不断的优化。只有这样水利工程才能够满足时代发展的需求。除了这些，工作人员更应该把握工程开展的具体状态，在工程开展过程中解决其中的问题，提升技术水平。

一、水利工程施工的基本特点

在水工程施工过程中有一些基本的特点：

第一，工程建设地的水流要合理的控制。大多数情况下，水利工程的施工地点都是在江河湖泊附近，所以水流带来的影响是非常巨大的。为了减少水流对于施工带来的影响。施工单位也应该合理地控制水流，尽可能地减少水流的冲刷，这样才能够顺利地进行水利工程的建设。

第二，有较高的工程质量要求。水利工程开展过程中投资比较大，整体的工期较长。所以工程的施工质量直接影响到了建设投资是否能到得到回报。如果施工质量无法达到要求，甚至会对下游地区的群众产生影响，严重的会造成生命财产问题。所以国家针对水利工程的具体施工提出了较为详细的质量要求。

第三，复杂性较强。由于整个水利工程的开展施工涉及了多个环节，会受到多种因素的影响。所以施工时间很长，也会受到气候的影响。绝大多数工程都是露天开展的，所以严寒、酷暑、暴雪、雪雨这些较为恶劣的天气，都会对工程进度产生一定的影响。

与此同时，由于工程量巨大，所以会涉及地质学气象学等多个学科。这就需要施工人员拥有较为专业的知识，还要涉及多个领域的专业知识。由于水利工程开展过程中涉及的方面比较广也需要各部门的支持，有时还会对居民的生活用水，以及交通运输产生一定的影响。所以整个工程开展过程中涉及的方面内容十分复杂。

第四，准备时间较长。很多水利工程建设的地点都处于交通不便，或者是高山峡谷的地区。由于施工的时间比较长，所以前期要做好准备工作。有时候需要进行道路的铺设，或建设临时的生活办公地点。

二、水利工程施工技术要点

（一）预应力锚固施工技术

所谓预应力锚固施工技术即通过一定的施工手段对需要施工目标进行加固的施工处理技术。预应力锚固施工技术有着较为广泛的用途，更是在水利水电工程中使用频繁。此技术加工后，加固目标更加牢固，能使得整体的水利水电施工工程有更强的稳定性。

（二）导流、围堰施工技术

大多数情况下，水利工程的建设和洪涝灾害有一定的关联。在洪涝灾害多发的地点会进行水利工程的建设。在治理洪涝灾害的过程中，不能仅仅通过修建堤坝来解决问题。因为自然灾害的力量巨大，可能会对人们的生命健康造成巨大的威胁。所以我们还可以建设水利工程进行导流围堰施工，既能够疏通水流，还能够把水流引走。

（三）坝体防渗与填筑技术

水利工程的建设有着工程量巨大和工程周期长的特点。

所以在整个工程开展过程中，往往会面临多种多样的问题。例如，坝体渗漏，如果不及时的修补，可能会带来巨大的工程问题。针对这个问题，采取较多的应对方法就是坝体防渗与填筑技术。应用这项技术就能够解决渗漏的问题。

三、水利工程施工中的主要施工技术

（一）水利工程中土方工程施工

一个工程开展过程中，首先要做好基础的施工工作，基础的工程可能会决定整体工程的质量。为了避免天气寒冷出现冻土导致基础施工质量下降，在施工前要尽量地避开冬季。如若无法避免避开冬季，在施工前就要做好相关预防工作。针对实际情况，采取应对冬季的施工措施。对于施工过程中可能会出现的质量问题，要提前做好应对。确保能够在把握计划进度的过程中完成基础工作。施工过程中要确保材料运输通道的通畅。在雨雪天气要做好防滑。雨季基坑槽容易产生大量积水，为避免因土壁下方冻融产生的塌方情况，应及时将基坑槽内的废水排净，同时施工前还要在基坑槽内垫一些枯草等，做好基坑槽的保温。土方回填之前也应该把下部的保温材料清理干净，底部的雨雪也要及时地清理。

（二）防渗施工技术

水利工程和水文有着紧密的联系。在具体开展过程中，工程要关注防渗漏的问题。可以建设建筑防渗墙，这过程中需要射水成墙技术、薄型抓斗成墙技术等多项技术的共同支持。我们将对这些技术进行具体的介绍分析，射水成墙技术就是在形成槽孔之后，选择塑性材料或者是水下混凝土进行泥浆护壁，在坝体墙壁进行整体的浇筑。射水成墙技术适用于粘土、砂土或粒径在 100mm 以内的砂砾石地层，主要的施工设备有造孔机、混凝土搅拌机、浇注机等。多头深层搅拌技术需要确保墙体水泥土的渗透系数在 10cm/s 以下，深度达到 22m，抗压强度在 0.3MPa 以上。多头深层搅拌法则一般在淤泥、粘土、砂土以及粒径小于 5cm 的沙砾层中适用，它的优势就是整体的造价比较低，而且质量较好，能够产生较好的防渗漏效果。整个施工过程环节比较简便，不会产生泥浆污染。

薄型抓斗成墙就是在施工过程中选择薄型抓斗进行土槽的开挖，之后选择塑性混凝土来浇筑护壁。这样挂壁外部就会形成一个防渗漏墙。

（三）混凝土工程施工所采取的技术措施

在冬季要想进行混凝土工程的开展，要遵循最基本的要求。冬季所选的混凝土类型有：硅酸盐以及普通的硅酸盐水泥。水泥要选择大于 32.5 标号的，混凝土中的水泥用量不宜少于 300kg/m^3，水灰比≤0.6，并加入早强剂，有必要时应加入防冻剂。为减少冻害，应将配合比中的用水量降至最低限度。办法是控制坍落度、加入减水剂、优先选用高效减水剂。模板和保温层，应在混凝土冷却到5℃后方可拆除。当混凝土与外界温差大于20℃时，拆模之后要在混凝土的表面进行临时覆盖，这样能够减缓冷却的速度。其次，在拌制混凝土的过程中要选择清洁的骨料。中间不能掺杂冰雪或者是冻块，容易产生冻裂的物质也不能够放置。在添加外加剂的过程中不能选择活性骨料。有条件的情况下，要在0度以上进行砂石的筛洗。筛洗干净的砂石用塑料纸油布铺盖。在混凝土内添加外加剂的过程中，如果外加剂是粉状的，可以根据一定的用量，直接放置在水泥的表面和水泥共同投入使用。如果工程施工过程中，气候温度在零度左右，要在混凝土里放置一些早强剂。要确保使用的用量符合相关的规范。在有条件的情况下，应该提前进行模拟实验，确保选择的用量符合要求。

水工程施工过程中要合理地进行工程质量的控制，因为整个工程开展过程中耗时比较长，涉及的方面比较广泛，十分的复杂，所以要选择合理的技术来应对。为了确保质量符合要求，相关的技术人员也应该掌握先进的土方开挖、模板施工技术等，只有这样基础设施的建设水平才能够得到保证才能够得到提高。

第四节 水利工程施工技术的改进措施

科技进步为水利工程发展提供了坚实的技术支持，其广泛地应用于水利工程中。水利工程具有多种功能，其数量呈上升趋势，当前，国家高度重视水利工程建设。水利工程可以促进农业灌溉，能够防洪抗旱，因此，水利工程施工期间要严格把控每一个施工环节，切实提高施工质量。

一、水利工程施工过程中常见的问题及其原因

（一）水利工程施工过程中常见的问题

随着现代化进程的不断推进和科学技术的不断发展，在国家政策的大力扶持下，我国水利工程行业得到了快速的发展。水利工程施工非常复杂，涵盖多方面内容。当前，国家制定了许多水利工程规范和政策，虽然对施工起到了一定的规范作用，但是我国水利工程施工问题依然普遍存在。

水利工程施工问题多种多样，主要表现为水坠坝施工问题、土方施工问题、混凝土坝施工问题、软土地基施工处理问题和基坑排水施工问题。

（二）水利工程施工过程中出现问题的原因

一是部分施工单位不按照既定程序进行操作，水利工程施工期间存在违规操作现象，

这就给水利工程质量埋下了隐患。二是水利工程施工选址时没有做好地质勘测工作，水利工程地质资料不正确，如果水利工程施工期间发现所选地址不适合开发，然后进行重新选址，这样不仅耽误工期，还会造成人力、物力、财力的极大浪费，给水利工程带来巨大的损失；三是在水利工程施工过程中，地基处理不合理，没有对其进行加固，严重影响水利工程施工进度和质量。

四是水利工程设计出现问题，如工程结构设计不合理、简图绘制不正确、荷载取值不合理，设计不合理会给水利工程施工带来困难，严重影响水利工程施工进度；五是水利工程的建筑材料不合格，由于疏忽或者鉴别能力有限，采购人员采购的水利工程材料可能存在质量不合格现象，没有达到水利工程建筑使用的标准，材料质量问题同样会影响水利工程质量和工程施工进度；六是水利工程施工管理存在问题，如果水利工程施工单位不严格按照设计图纸进行施工，很容易造成水利工程施工偏差，导致水利工程出现质量问题。

二、水利工程施工技术分析

（一）土方工程技术

土方工程技术是水利工程施工的重要技术，主要分为 3 种，即水力填充式技术、定向爆破式技术和干填碾压式技术。其中，干填碾压式技术的应用范围最为广泛。土方工程技术在水利工程施工过程中是非常重要的，要严格按照国家的相关规定和标准实施。其间要特别注意水利工程施工中强度与密度的关系，这关乎堤坝的稳定性与防渗性。为了保障水利工程的土方工程施工质量，施工要做到按需申报、责任到人，严格把控各道施工工序。

（二）混凝土工程技术

混凝土工程技术包括混凝土浇筑、碾压和装配等，它是水利工程施工的核心部分，主要涉及两大内容：地基开挖处理和混凝土大坝修筑。应用混凝土工程技术时，人们要做好水利工程施工的前期准备，在实际水利工程施工中要注意对水流进行控制，妥善处理地基，科学修筑混凝土大坝，仔细安装零部件，做好细节工作，各个工序严格按照标准进行。

水利工程对混凝土质量要求较高，要求防止水流侵蚀，特别强调加固作用。施工单位要对不同的混凝土进行检测，寻找最适合水利工程建设的混凝土。

混凝土工程完工后，有些水利工程的大坝会出现裂缝，其主要原因有沉降不均、分缝不合理、结构设计不科学，因此水利工程施工期间要合理选择混凝土检测方法。不同的混凝土检测方法具有不同的特征，水利工程施工单位要具体问题具体分析，综合各方因素，制定检测方案。

（三）灌浆工程技术

灌浆工程技术重点在于提高灌浆的密实度，在灌浆施工过程中，要采取分序加密方法，坚持先固结后帷幕的灌浆次序。灌浆工程技术主要有两种类型。一是纯压式，纯压式灌浆是先将浆液全部压入钻孔内，不断施加压力，将浆液充实进岩石的缝隙中。二是循环式，循环式灌浆是将部分浆液压入孔中，通过重力作用使浆液充满岩石缝隙，多余的浆液进行回收再利用。

（四）软土地基处理技术

软土地基处理技术主要有排水固结法、复合地基法和无排水砂垫层真空预压法。如果设计方案内容与实际地质不符，人们可以采用该技术，并结合水利工程实际施工状况，选择具体的处理技术。

三、当前水利工程施工技术的改进措施

（一）加强对水利工程施工过程的监督管理

影响水利工程施工质量的因素非常多，每个施工环节都可能导致工程质量问题。因此，要做好水利工程施工过程的监督、管理工作，监管水利工程施工的每一个具体环节。

一是水利工程施工单位在设计和实施具体的施工方案时，要结合水利工程施工的实际情况，要从水利工程施工技术、施工管理、资金支持等方面进行综合分析，确保水利工程施工方案的技术可行、资金分配合理；二是水利工程施工单位要加快施工进度，降低水利工程建设成本；三是要加强对水利工程施工过程的监督和管理，运用水利工程相关法律约束施工方的行为，让水利工程施工质量管理有法可依；四是要强化政府的监督作用，进一步保证水利工程的施工质量。

（二）保障水利工程施工的原材料质量

水利工程施工期间，原材料质量对水利工程质量起到决定性作用。因此，要想提高水利工程质量，人们就要对水利工程施工材料质量把好关。

一是水利工程施工之前要做好准备工作，水利工程施工单位要选择负责任、细心、工作经验丰富的人员去采购原材料；二是工作人员在采购原材料之前要做好详细的市场调查，掌握各种水利工程施工原材料的信息，选择最合适的、最可靠的原料供货商；三是即便工作人员选择了合适的供货商，水利工程施工材料检验员也要对材料进行严格检验，只有原材料的各种质量指标都达到水利工程施工的使用要求才可以投入使用；四是建材市场鱼龙混杂，水利工程施工单位要坚决把好原材料的质量关，不符合水利工程施工要求的原材料坚决不允许进入施工场地。

（三）要做好水利工程施工的质量验收工作

在水利工程施工过程中，事后控制施工质量是水利工程质量鉴定的一个重要环节。水利工程施工的事后控制合理到位，能够有效地提高水利工程施工质量问题的分析处理水平。

一旦发现水利工程施工存在质量问题，要给予全面的登记与分析，明确提出处理这些问题的方案，提高水利工程施工质量，并及时查找原因，不断改进施工措施，保证水利工程的后续施工质量。水利工程施工环节的质量控制会直接影响水利工程的建设进度、质量水平与投资力度等，应进一步加强水利工程施工的质量控制，协调各部门的工作关系，提升水利工程施工质量，恰当处理水利工程施工进度、质量控制和投资的关系，发挥水利工程的综合效益。

（四）提高水利工程施工人员的专业技术水平

提高施工人员的技术水平对提高水利工程的施工质量有着重要影响。每个水利工程施工环节都需要专业的技术人员，但是施工人员的专业技术水平参差不齐。所以，水利工程施工单位要合理筛选施工人员，选择有一定水利工程施工技术基础的人员，同时要定期对技术人员进行培训，提升施工技术水平。

水利工程是极为重要的基础工程设施，对经济发展和环境保护都有重要价值，因此提高水利工程施工技术应用水平就显得十分重要。科学、有效的施工技术是水利工程施工质量的基础保障。水利工程是一项国家大力支持发展的基础建设项目，不仅关系到地方经济发展，还可以造福人民，改善区域生态环境。施工期间，施工单位应积极研究水利工程施工的新技术，严格把控水利工程施工的每一个环节，特别是防渗施工、桩基础施工等几个极为关键的环节。同时，要严格按照相关规范和施工工艺进行操作，加强对水利工程施工过程的管理，以便未来充分发挥水利工程的作用。

第五节　水利工程施工技术管理重要性

我国国家对于水利工程投入了大量的人力、物力和财力，这加快了我国水利事业的快速发展和进步，但是也由于多种外界因素的影响和制约，在水利工程当中，质量事故的问题还时有发生，给人们的生命财产安全造成了重大损失。为了可以更好地保证水利工程的施工质量，我们必须要不断加强对水利工程的施工技术管理要求，更好地促进我国水利工程的长远发展。

一、水利工程施工技术管理的内容和特点分析

（一）水利工程的施工管理内容分析

水利工程管理包括施工过程管理和工程竣收后的验收管理，水利工程建设主要由业主、承包方和三方联合管理监理单位所组成，并且将其作为主要管理内容。水利工程项目管理的最终目标就是为了可以更好地加强水利工程项目的管理，保证水利工程的施工质量和经

济效益，用最少的经济投资来实现经济效益的最大化。在水利工程施工技术的管理过程当中，包括到了施工质量管理、施工过程管理和施工技术安全管理以及施工进度和施工造价管理等，有着严格的要求。建设单位和监理单位必须要根据工程的实际情况制订出合理的施工组织计划，选择合理的建筑材料和施工机械设备，水利工程的承包单位还要严格按照组织计划来进行工程施工，并对工程施工现场的施工进度进行详细管理。监理单位还必须要在施工现场当中实施严格的监督管理，更好地确保水利工程的施工进度和施工质量，满足业主的设计要求。

（二）水利工程施工管理的特点分析

水利工程属于工程施工项目之一，具有长期长、施工范围比较广的特点，总体建设规模非常庞大，这也造成我国水利工程在施工时具有较强的复杂性，尤其是在水利工程管理当中，内容更是十分多样，相关管理人员必须要不断加强重视，并且还要积极分析水利工程的管理特点，从实际发展来看，水利工程很容易就会受到自然因素和人为因素的制约，比如地震、洪水等各项自然灾害，都会严重影响到了水利工程的施工质量管理，这也造成我国水利工程施工管理的不确定性，在这种情况下，采取科学有效的施工管理措施就显得非常有必要，还属于提高水利工程施工管理的有效途径。

二、水利工程施工技术管理的重要作用分析

水利工程具有自身特有的特点，这些特点决定了水利工程在施工过程当中周期非常长、需要用到的自然资源种类比较多、施工量比较大、流动性比较强等特点，同时又由于水利工程施工具有以下特性：水利工程经常是在河流上进行、容易受到自然条件的影响等，很容易就会由于外界环境因素的影响而造成水利工程的施工质量不符合规定要求。但是对于一些偏远地区的水利工程建设来说，工程材料的运输非常困难，必须需要专门工作人员修建道路，修建道路和机械设备的进出场费都非常高，增加了整个工程的生产成本，降低了经济效益。水利工程项目的唯一性也造就了施工过程中的独特性，需要工作人员不断加强对施工安全的重视程度，由于各个行业工程管理的内容都不一样，水利工程的工作人员就需要不断反复筛选施工方案，更好的保证水利工程项目的施工质量。当前随着我国建筑行业管理体制改革的不断深化，以工程施工技术管理为核心的水利施工企业的经营管理体制也发生了很大变化。对于施工企业来说，既要为业主提供一个合格优良的建筑产品，同时还要确保产品能够取得一定的经济效益和社会效益，这就必须要求管理人员能够对施工项目加强规范性管理，特别是要加强对工程质量、进度、成本的管理控制要求。施工人员还必须要从项目的立项、规划、设计、施工以及竣工验收、资料归档、档案整理环节入手，整个过程都不能有任何的闪失和差错，否则引起的经济损失是不可估量的。在这当中，施工属于最为重要的一个环节内容，而且还可以更好地将设计图纸转换为实际过程，任何一道施工工序都会对水利工程的质量产生致命性的损失，因此对于项目的现场施工管理，必

须要不断加强重视。

三、完善我国水利工程项目施工技术管理的具体解决措施分析

（一）加强水利工程的运行管理，积极完善各项规章制度

根据国家一系列法律法规和规章制度的要求，再结合实际情况，制定了一系列管理方法和规章制度。在水利工程的具体施工当中，我们必须要积极改变各种不良习惯操作，严格遵循好各项规章制度，认真做好各项设备的运行记录。同时我们还要建立起运行分析管理制度，对仪表指示、运行记录、设备检查等各项问题和现象进行详细分析，及时找出问题产生的原因和规律，并对其采取相应的解决措施和应对对策。

（二）积极提高工作人员的施工技术水平，确保工程的安全性

在水利工程的施工过程当中，相应的技术管理也必须要始终把安全放在首要位置，建立起健全的安全生产组织制度，采取一系列有效的管理措施，更好地提高工作人员的施工技术能力水平，从相应的规章制度约束工作人员的行为。在制定好规章制度之后，我们还必须要确保制度的落实，各种各样的经验和事例都说明安全生产和每个职工切身利益存在着非常紧密的联系，可以更好地提高工作人员按照规章制度执行工作的自觉性。

对于各种各样的安全事故来说，工作人员还要积极开展各项调查分析管理工作，及时填写各种调查报告和事故通报，而且工作人员在产生事故之后，还要不断总结，只有从思想上认识到问题产生的原因以后，才可以避免后续相似问题的产生，减少相应的经济损失。同时我们还要制定出相应的奖惩措施，制定出奖励和惩罚的制度规定，对于表现比较好的工作人员进行适当奖励，不仅可以从思想上也可以从物质上进行奖励，更好地提高工作人员的积极性和主动性。同时对于一些表现不够良好的工作人员来说，还可以进行相应处罚，使其能够明白自身的缺点，积极改善自己的思想，充分提高整个工作队伍的积极性。在工作人员队伍当中，还要形成一种工作氛围，加强安全生产的重要认识。在水利工程的建筑施工当中，水利工程属于一项技术性非常紧密的工程企业，所以对于施工人员的要求就比较高，我们必须要不断加强对施工人员的技术要求，更好地提高整个工程水平。

（三）不断加强技术监督管理能力

在“质量第一，安全第一”的前提下，必须要根据水利工程的实际情况进行技术更新和技术改造工作，逐步将恢复设备性能转变到改良设备性能上，延长水利工程设备的检修周期、缩短工程周期、保证水利工程的检修质量，同时还要积极努力学习各种新技术，掌握好新型工艺，熟悉新材料的物理化学性能和使用方法，对于工作人员来说，还要积极改变传统的工作方法和工作步骤，充分运用现代化网络技术和操作步骤，制定检修网络图，提高水利工程的检修质量，缩短工程周期，这也可以极大降低水利工程的能源消耗，提高

水利工程的经济效益水平。如果要想更好地提高水利工程的技术管理水平，还必须要进行一定的技术监督管理工作，对于各种设备进行定期或者是不定期检测，了解各种设备的技术状况和变化规律，保证设备具有良好的运行状况。

随着当下我国经济水平的不断提高和进步，我国社会各个领域都得到了很大的发展和提高，对于我国水利建设事业来说也不例外，我国国国内各个小型、中型工程建设项目大量出现，呈现出了一派繁荣的景象。在这种情况下，加强对水利工程施工技术的优化管理工作和水利工程企业管理人员的重视程度，就可以更好地解决水利工程当中出现的施工安全和施工质量方面问题，提高水利工程的质量和使用性能。

第五章 水利工程施工技术创新研究

第一节 节水灌溉水利工程施工技术

现代人口数量的不断增长使我国对粮食的需求不断提升，与此同时，全球水资源也在不断减少，在此过程中，节水灌溉技术的有效应用对我国未来农业发展具有极其重要的现实意义，必须对其加强重视。据此，分别探究几种节水灌溉技术，希望能够为其相关人员的具体工作提供更为丰富的理论依据。

一、步行式灌溉技术

在我国目前农田水利工程中具体应用节水灌溉技术时，步行式灌溉技术是其极为重要的一项施工技术，该技术具体应用于快速移动的情境内，但是该技术的应用普遍存在一定程度的缺陷，因此，相关工作人员在应用过程中需要结合其他灌溉技术共同作业，基于多项技术有效配合能够确保更为合理地使用步行式灌溉技术。尤其是在内蒙古包头农业发展过程中，步行式灌溉技术能够确保有效结合节水技术和节水农艺，在满足当地现实需求的同时，重新组合调整整个节水系统，确保能够更为充分地应用该项灌溉技术。与此同时，在内蒙古地区，不同位置地理现状存在很大程度的差异性，而该技术适用性普遍较高，灌溉人员可以基于具体需求对其进行随意调整，不会受到现实环境的妨碍和限制。总体来讲，能够更为高效地利用水资源，同时，还可以进行资金投入的科学控制，在我国目前水利工程进行节水灌溉时具有较为普遍的应用。

二、滴灌技术

在我国农业建设过程中，滴灌技术具有较为广泛的运用面积。该种灌溉方式具体是在农作物根部设置滴水管道，打开控制阀门之后，水资源便可以以滴灌的方式流入农作物根部，确保农作物迅速吸收水分。该种节水灌溉方式的有效应用能够确保更为高效地利用水资源，大大降低浪费率，确保充分利用每一滴水。与此同时，该种灌溉技术还可以在一定程度内结合施肥技术，现场灌溉人员可以利用滴水管道向农作物根部输送肥料，进而确保有效减少人为作业，实现肥料吸收率的有效提升，是我国目前较为理想的一项节水灌溉技术，但是具体应用该技术时，操作手段较为繁杂，同时具有极高的计算要求，因此在我国目前并没有实现普及应用。

三、微灌技术

微灌技术是基于滴灌系统改进形成的，在具体应用水资源时，其利用效率通常处于喷灌技术和滴灌技术之间，在具体应用微灌技术时，首先需要利用压力管道进行抽水作业，然后通过利用管道系统向需要灌溉的位置输送水资源，最后利用设置于灌溉出口处的微灌设备实施灌溉作业。在具体输送和喷灌水资源时，水资源蒸发效率普遍较低，与此同时，相关工作人员在具体应用该技术时，使用的喷头孔径普遍较小，能够对其水资源利用率进行更高程度的保障。

四、渠道防渗技术

无论是选择使用微灌技术，步行式灌溉技术，还是滴灌技术，都需要抽调水资源并将其输送至特定地方，因此，在具体工作过程中，为了能够实现资源消耗率的有效降低，相关工作人员需要对其水资源输送过程中的渗透和蒸发进行不断控制。基于此，渠道防渗技术的科学应用具有极其重要的现实意义。在具体应用该技术时，工作人员首先需要进行渠道防渗材料的科学选择，同时进行渠道坡度和长度的合理设置，保障在渠道内能够快速流通水资源，从而实现渠道流经时间的大大降低，确保对水资源渗透率进行更为有效的控制。

五、喷灌技术

该技术具体是指在需要进行灌溉作业的位置安装喷灌设备，然后利用较强水压向喷头输送水资源，使其能够在空中形成水幕，进而对面积较大的作物进行灌溉，该种灌溉方式可以在一定程度内利用电脑进行控制，不需要人力监管便可以自动完成浇水作业。但是，该技术通常对其相关设备具有较强的依赖性，现场人员在具体应用该技术时，需要对其设备质量加强保障，同时还需要定期检修，以此为基础，才能确保有序运转。该技术的科学应用能够在很大程度内降低现场工作人员工作量，操作方式较为简单，同时具有较大的灌溉面积，水资源需求普遍较少，适合应用于部分具有较强空气湿度的无风地区。

六、地面浇灌法

地面灌溉法是应用范围最为广泛同时应用时间最长的一项传统灌溉技术，通过科学规划畦和水流量能够进一步实现节水效果。具体开展相关工作时，现场工作人员首先需要在农作物种植区域内寻找水源，科学修建水渠，然后在农作物区域内引入河流中的水资源进行灌溉作业。为了确保能够实现更为有效的节水目的，灌溉人员在具体选择河流时，必须确保其科学性，保证能够充分利用每一滴水资源，同时，还需要科学修建阀门，利用阀门孔进行水流控制，确保能够有效保护水资源，避免浪费。

第二节　水利工程施工灌浆技术

系统性和整体性是水利工程建设的主要特点，因为这两个特点的限制，造就了其工作的复杂烦琐，在较强的专业知识、专业技术基础之上才能够保证工程的顺利进行。在现行施工状态下难免会产生一些施工难题和阻碍工程顺利进行的障碍，解决这些难题障碍就成了创新研究的主体。在目前国内水平日趋向上发展的趋势推动之下，就必须加强对技术的认识，加强对知识的解读。

一、灌浆施工的概念结构

灌浆施工是一种复杂的系统性结构，这种“最优化”意义下的系统采用工程分析进行最优化处理，处理方法在子系统之间进行耦合变量链接，最终达到最优化效果。在当前的系统运行之下，主要从两个方面进行分析，一是采用工程观点，来决策变量和施工控制，这一方面的观点主要来验证该技术的可行性。另外一个方面，是在系统运行一段时间之后，对系统发生的改变进行新的状态变量输入灌浆数学模型进行分析，并且以此来判定系统的稳定性。

灌浆的作用如下：使孔隙和裂隙受到压密，所谓的压密作用就是挤密和压密，最终使地层的密力学性能得到提高。灌浆的浆液使凝成的结石对原有的地层缝隙进行填充，这样的填充作用能够提高地层的密实性，从而更容易展开工作。在经历前两步的作用之后，地层中的化学物质会和填充的浆液进行反应，从而形成“类岩体”，这就是灌浆施工的固化作用。前期工作一完成，灌浆施工的任务几乎就完成了，最后最重要的结尾工作就是粘合作用的目的——利用浆液的粘合性，对脱松的物体进行粘合，最终改善各个部分联合承载能力，使工程严密程度升高。

二、灌浆技术的应用

（一）准备工作

施工的流畅程度主要就在于工程的前期准备，只有制订出完整的施工计划，才能够确保工程的流畅程度。施工还要未雨绸缪，考虑到一些不可预知的事情，比如：施工场地、施工天气等一系列情况，都要在前期准备工作中做好充分的预备方案，适时地对相关工作进行调整，以应对突发情况，提高工程效率。准备工作中还应该要对施工的环境进行考核，这样才能够确保安全施工，保证施工的顺利进行。

（二）施工步骤

1. 钻孔

钻孔占据着整个工程的重要位置，在钻孔过程中，应该保证孔的垂直，还要确保打孔的倾斜度，如果超出了预算的倾斜度合理范围，这一次的打孔就以失败告终。在不同项目里，钻孔的标准也不是相同的，所以要工人在施工过程中严格把关，这样规范化的工程才能够顺利进行。

2. 冲洗

冲洗工作是在钻孔之后进行的，这样才能够保证灌浆的质量，这一环节是通过高压水枪强力喷射来洗去孔内的污垢，确保其干净。有时钻孔会产生裂缝，这就要求在清洗时对裂缝一并处理，这些裂缝的处理都能够为之后的工作提供保证。如果清洗之后还没有完全干净，可以采用单孔和双孔的方法进行再处理。

3. 压水

冲洗干净孔之后的工作就是压水了，压水工作之前应该勘察该地层的渗透能力，分析完之后求出相关数据进行参考。通常在实验时一般采用自上而下的运行方式。

4. 灌浆

虽然前期有数据支持，但是在正式灌浆之前还是要对灌浆的次序和方式进行确认，灌浆模式一般采用纯压力模式和环灌模式，因为这两种模式的流动性更强，能够使灌浆顺利沉积，这样就能提高灌浆的品质。

5. 封孔

最后一步收尾工作是封孔，封孔的步骤要求非常严格，一定要按照既定的计划来执行，以确保整体工作的顺利收尾，保障既安全又高效地完成工作。

三、施工注意事项

（一）浆液浓度控制

浆液的浓度会最终影响施工的效率。浆液浓度要在施工之前进行控制分析，工人要熟练掌握浆液浓度改变的应对方法，此前在灌浆施工就有过因浆液浓度导致整个施工失败的案例。浆液是一种液体物质，具有流动性。浓度越低流动性就越好，但浓度过低会使灌浆装载增加，容易产生开缝、漏水问题。如果浆液浓度过高，会使浆液停滞，难以流动，容易产生浆液供应不足的问题，降低工程的效率。所以保证浆液的浓度是灌浆工程的首要任务，只有做好这些，才能够提高工程的流畅性。

（二）应对意外

在工程建设中难免会出现一些突发的未知的情况，由于灌浆施工场地相对较为混乱，所以应对突发事件就对工人的素质提出了较高的要求，高素质的工人能够在突发事件时做出对的判断。这些因素有些是人为因素，也有的是自然因素。意外事件不可避免，但是前期的准备还是会对后期的施工过程起到作用的，工人应该用科学的方法应对意外，最大限度上保证工程的顺利运行。处理意外事件要妥善，要对既有的意外事件进行经验总结，以备后用。

（三）控制浆液压力

灌浆压力的控制方法主要有两种：一次性升压和分段式升压。前者适用于一般的完整的裂缝发育、透水性低、岩石硬的情况。该类情况应该尽量将压力升至标准压力，然后在标准压力下，浆液会自行调配比例，然后逐渐加大浆液浓度，一直到灌浆结束为止。

分段式升压法应用于一些严重的渗水。该方法主要分为几个阶段，最终能够使压力达到标准。在灌浆过程中的某一级压力中，应该将压力分为三级，然后确定规定的压力大小，这样分段式控制压力就能够发挥作用了。

（四）质量检验

因为灌浆工程属于隐蔽性工程，所以在竣工之后要对工程进行复检。认真检查孔的设置，在钻取岩芯之后要反复观察胶结情况，还要进行压水测试，检查孔的相关问题，检查工程前后的数据记录，综合工程进行分析。只有各项检查过关之后，工程才算是真正完成。

灌浆技术在水利工程中的重中之重地位不言而喻，所以研究施工过程中的问题，就是对灌浆技术的总结，这是保证灌浆工程施工质量的前提，是水利工程发展的一个大的转折点。

第三节　水利工程施工的防渗技术

自改革开放以来，我国水利工程项目明显增加，水利工程施工环境日渐复杂化，频繁出现渗漏问题，影响水利工程建设经济效益。施工企业要多层次高效利用防渗技术，加大防渗力度，最大化提高水利工程施工效率与效益。因此，本节从不同方面入手探讨了水利工程施工的防渗技术的应用。

在社会经济发展中，水利工程种类繁多，存在的问题也日渐多样化，但渗透问题最普遍，导致水利工程投入使用之后功能作用无法顺利发挥，甚至危及下游地区住户生命财产安全。在水利工程施工中，施工企业必须准确把握渗漏问题出现的薄弱环节以及渗漏具体原因，巧妙应用多样化的防渗技术，科学解决渗漏问题，促使水利工程各环节施工顺利进行，实时提高水利工程施工质量。

一、水利工程施工中防渗技术应用的重要性

水利工程和传统建筑工程相比，有着明显的区别，属于水下作业，有着鲜明的复杂性与不确定性特征。水利工程施工中极易受到多方面主客观因素影响，出现工程结构变形等问题，引发渗漏问题，影响水利工程施工进度、施工成本、施工效益等，防渗技术在水利工程施工中的科学利用尤为重要，利于实时对建设的水利工程项目进行必要的防渗加固，避免在施工现场各方面因素作用下，频繁出现渗漏问题，动态控制水利工程施工成本的基础上，加快施工进度，提高施工效益。同时，防渗技术在水利工程施工中的应用利于提高水利工程结构性能，充分发挥多样化功能作用，实时科学调节并应用水资源，降低地区洪灾发生率，提高水利工程经济、社会乃至生态效益。

二、水利工程施工中防渗技术的应用

（一）灌浆技术

1.土坝坝体劈裂灌浆技术

在水利工程施工中，灌浆技术是重要的防渗技术，频繁作用到施工各环节渗漏问题解决中。灌浆防渗技术类型多样化，体现在多个方面，土坝坝体劈裂灌浆技术便是其中之一，可以有效解决水利工程坝体出现的各类渗透问题。在具体应用过程中，施工人员要根据水利工程坝体所具有的应力规律，以坝体轴线为切入点，进行合理化布孔，在孔内灌注适量的浆液，促使坝体、浆液二者不断挤压，确保浆液更好地渗透到坝体中，有效改善坝体应力分布状况，从源头上提高水利工程项目坝体安全性、稳定性，避免坝体频繁出现渗漏问题。在此过程中，施工人员要从不同方面入手深入分析坝体具体条件以及出现的裂缝问题，科学利用土坝坝体劈裂灌浆技术。如果水利工程坝体裂缝只是在某些位置均匀分布，施工人员在利用该灌浆防渗技术中，只需要对出现裂缝的具体位置进行灌浆防渗处理；如果水利工程坝体不具有较高的质量，贯通性裂缝问题又频繁出现，在防渗处理中，施工人员需要科学利用全线劈裂灌浆技术，最大化提升坝体严密性，具有较高的防渗效果。

2.卵砾石层帷幕灌浆技术

和一般的灌浆技术相比，卵砾石层帷幕灌浆技术有着本质上的区别，应用其中的灌浆材料不同，属于水泥、黏土二者作用下的混合浆液，被广泛应用到卵砾石层中，主要是该类石层钻孔难度系数较高。在应用过程中，施工人员可以采用打管以及套阀灌浆方法，控制好灌浆孔，顺利提高灌浆效果。但该类灌浆技术在防渗实际应用中，存在一定缺陷性，会受到卵砾石层影响，常用于水利工程防渗辅助方面，有效解决渗漏问题的同时，还能最

大化提高材料利用率。

3. 控制性与高压喷射灌浆技术

（1）控制性灌浆技术

控制性灌浆技术建立在传统灌浆技术基础上，属于当下对传统灌浆技术的优化。通常情况下，在应用控制性灌浆技术中，水泥是关键性施工材料，并应用一些适宜的辅助材料，有效改善应用其中的水泥物理性能，有效提高作用其中的材料的抗冲击性能以及防渗质量，避免在土体中水泥浆频繁出现扩张现象。同时，当下，控制性灌浆技术在水利工程坝体、围堰以及堤防方面应用较多，可以有效解决相关的渗漏问题。

（2）高压喷射灌浆技术

在应用高压喷射灌浆防渗技术过程中，施工人员只需要在钻杆作用下，顺利实现高压喷射，确保水、浆液喷出之后，可以及时冲击对应的土层，使其和土体均匀混合，形成水泥防渗加固体，防止水利工程出现渗漏问题。具体来说，高压喷射灌浆技术可以进一步划分，高压定喷灌浆技术、高压摆喷灌浆技术等。施工人员必须坚持具体问题具体分析的原则，客观分析地区水利工程施工中渗漏问题，高效应用高压喷射灌浆技术，借助其多样化优势，做好加固防渗工作。以“高压旋喷灌浆技术”为例，其应用范围较广，比如，淤泥土层、粉土层、软塑土层。施工人员可以将其作用到水利工程深基坑加固防渗中，在旋喷桩作用下，提高基坑结构性能。

（二）防渗墙技术

1. 多头深层搅拌和锯槽防渗墙技术

在水利工程施工防渗方面，防渗墙技术也频繁应用其中，有着多样化优势，避免雨水侵蚀水利工程结构等。多头深层搅拌防渗墙技术便是其中之一。在应用过程中，施工人员要在多头搅拌机作用下，及时在土体中喷射适量的水泥浆，均匀搅拌水泥浆，使其和土体有机融合，以水泥桩的形式呈现出来，再对各搅拌桩进行合理化搭接，形成水泥防渗墙。此外，在应用锯槽防渗墙技术中，施工人员要将锯槽设备应用其中，刀杆必须按规定的角度倾斜，多次切割土体的同时向前开槽，动态控制设备移动速度，利用循环排渣法，排出切割下来的土体。锯槽成型以后，施工人员便可以向其浇筑适量的混凝土，形成防渗墙，厚度在 0.2 ~ 0.3 米间。该防渗技术常被应用到砂砾石地层中，具有可以连续成墙、高施工效率等优势。

2. 链斗法、薄型抓斗与射水防渗墙技术

在应用链斗法防渗墙技术中，施工人员要科学利用链斗开槽设备，规范取下土体，明确成墙深度，科学放置排桩，在开槽设备作用下，向前开槽，借助泥浆优势，保护好槽壁，浇筑适量的混凝土。在应用过程中，砂砾石粒径必须小于槽宽，砾含量不能超过 30%。同时，在应用薄型抓斗防渗墙技术中，施工人员要控制好薄型抓斗设备的斗宽度，在孔洞开槽的基础上，借助水泥浆优势，保护好孔壁，再浇筑适量的混凝土。该防渗墙技术可以应用到多种土层中，有着其他防渗墙技术无法比拟的优越性，成槽速度较快，防渗施工成本不高，泥浆消耗量较少等。此外，在防渗施工中，施工人员也可以利用射水防渗墙技术，要科学应用作用到水利工程防渗中的设备，比如，浇筑设备、搅拌设备，在造孔设备作用下，顺利喷出高速与高压的水流，科学切割土体，在成型设备作用下，多次修整，最大化提高槽壁光滑程度，再反复出渣的基础上，在槽孔中浇筑适量水泥浆，形成防渗墙，达到防渗目的。

总而言之，在水利工程施工中，施工企业要科学利用多样化的灌浆与防渗墙技术，做好防渗加固工作，科学解决渗漏问题，高效施工的基础上，提升水利工程应用价值，更好地服务于地区经济发展。

第四节　水利工程施工中混凝土裂缝控制技术

水利工程作为国内经济建设基础在人们的日常生活中得以广泛出现，水利工程建设的特点有规模大、消耗时间长，实际投入各项成本过大、建筑实际成本多、施工困难等，在建筑施工时常会产生各类的质量问题。水利工程在实施建设过程中最为常见的问题是混凝土裂缝问题，这类问题会降低工程使用期限，也会影响水利工程内部的稳定可靠性，对工程社会效益来说是较为不利的。因此混凝土裂缝问题需要被建筑企业重视，使用先进科学的手段实施干预，确保有效提高施工质量，切实提升水利工程实际运行效率和效益。

一、水利工程施工中混凝土产生裂缝的原因

（一）塑性混凝土裂缝出现的原因

混凝土浇筑作业过后，进行凝结凝固时，若环境是十分不稳定的，例如高温、振动，混凝土尚未凝结以前，都会有失水状况的存在，进而会使得混凝土发生变质、变形，致使混凝土最终体积因此发生改变，不能与建筑施工设定目标保持一致，鉴于此类状况，会出现塑性裂缝。大多情况下，塑性裂缝呈现中间宽、两边细的特征。

（二）收缩混凝土裂缝出现的原因

混凝土凝固过程中，体积会发生一定的变化，例如缩小。进而致使混凝土出现收缩、变形等状况。此种状况下，有较大的约束力，很容易产生收缩裂缝，尤其是搭建高配筋率时，受到钢筋的影响，周边混凝土会产生相应的约束力，导致钢筋对混凝土收缩情况进行限制，由此出现了拉应力，借助此类作用，混凝土收缩裂缝情况极其容易在构件内发生变化。

（三）因温度变化而导致的裂缝

混凝土凝固过程中，对环境条件有着较高的要求，尤其对温度来说是要求比较严格和敏感的。混凝土在完成浇筑过后，若没有妥善对混凝土建筑进行养护，控制混凝土周边温度的环境，会造成混凝土内部产生裂缝状况。混凝土凝固过程中，若混凝土内外部温差过大或温差明显，受到热胀冷缩的影响，混凝土实际应力会随之发生变化。比如，受到温差变化的影响，有序对混凝土构件力进行拔高，若实际应力远远大于预期规定承受能力时，混凝土将会产生温度裂缝。

二、水利工程施工中混凝土裂缝控制技术

（一）施工材料控制

水利工程进行施工时，混凝土结构性能会受到施工材料的影响，进而造成混凝土出现裂缝。结合这一情况，施工管理单位要切实做好材料管控工作，严格参照施工建设方案的材料标准和规范进行施工，采购材料的过程中，要保障水泥的型号、骨料实际级配、粒径等各项要求和施工建设标准保持一致，确保混凝土内部的结构性能。与此同时，选取水泥材料的途中，作为施工单位要确保水泥材料的性能的同时，兼顾选取水化热偏低的水泥进行施工。

（二）混凝土配比控制

施工材料选取完毕过后，施工单位要制定符合施工要求的混凝土最佳配合比，借助施工材料对其进行反复试验，及时测量混凝土预期建筑强度、坍落度等，进而获取最优的配合比例，提高混凝土结构的性能。但需要引起关注的是，水利工程使用的混凝土大多是借助工厂搅拌混合后向施工现场进行运输的，作为施工单位要及时控制和管理混凝土运输质量，确保到达现场及时验收，方可进行施工。

（三）施工温度控制

水泥水化热是造成混凝土施工时温度变化的主要原因，施工企业参与施工时的各项性能要求，尽量降低水泥的使用频率，若必须使用则多选取低水化热的水泥进行施工，减少混凝土搅拌时散发的热量。混凝土实施搅拌前，借助冷水对碎石进行冲洗，减少产生热量。单位要选取有效的施工时间与浇筑方式。大多浇筑时间在早 7 ：00—10 ：00，下午 3 ：00—6 ：00，杜绝高温作业提升混凝土结构内部温差。实施浇筑时，使用分层浇筑施工，加强混凝土散热能力。若水利工程施工选取大体积混凝土，施工单位要安装冷却水管，减少混凝土内外温差和内部应力，杜绝产生裂缝。

（四）开展养护工作

混凝土施工质量的基础是要做好养护工作，其也是杜绝裂缝产生的主要措施。首先，妥善对混凝土构件实行保温，使用防晒手段，杜绝温差大而产生裂缝。施工人员需要参照施工需求和标准进行施工。借助设置草席、塑料等手段实施养护。要想杜绝人为对其进行干预和破坏给混凝土产生危害，需要委派专人进行管理。

（五）混凝土塑性裂缝控制技术

水利工程进行施工时，要控制混凝土塑性裂缝，要立足实际从源头入手，也就是制作混凝土的源头。配置混凝土时，要选取合适的集料配合比例，设计科学有效的配合比例，尤其是混凝土的水灰配合比例。进行配置过程中，要认真进行考察，深入调查研究和了解实际状况，结合实际需求，选取最佳的减水剂，保证混凝土可塑性达到施工建设标准。想要有效实施混凝土浇筑工作，需要使用有效的管理办法实施振捣，以此为基础，不发生过度振捣的状况，借助科学有效的办法，降低混凝土发生泌水状况，杜绝模板沉陷。若出现塑性裂缝，要妥善处理，确保在混凝土终凝前完成抹面压光工作，保证裂缝有效闭合，降低压缩问题。

（六）混凝土收缩裂缝控制技术

混凝土收缩若出现裂缝，结合裂缝内产生的裂缝，选取合适的施工材料进行修复，比如借助环氧树脂等施工材料，妥善对裂缝表层进行维修处理。结合实际状况来说，使用控制技术仍存在一定的局限性，仅仅只从表层对混凝土裂缝进行修护，想要从源头控制混凝土收缩裂缝，要把制作混凝土看作至关重要的关键一步，第一，优化升级混凝土性能，结合实际状况，科学减少水灰比例，有序降低水泥实际使用含量；第二，重视混凝土配筋率，科学有效对其进行设置和管理，确保分布变得规范、有序，进而杜绝发生裂缝状况；第三，及时养护混凝土，重视养护管理工作，结合实际状况妥善对混凝土保温覆盖时间进行控制，及时做好涂刷工作，最大限度降低混凝土发生收缩裂缝状况。

（七）混凝土温度裂缝控制技术

要想降低混凝土温度敏感程度，需要立足下述方面：首先，选取材料时，水泥要选择低、中热的矿渣和粉煤灰水泥，对水泥用量进行严格管控，水泥含量不得$>450\ kg/m^3$；其次，要降低水灰比，保证水灰比<0.60；再次，对骨料级配进行控制，实施过程内部，要添加一定的掺粉煤灰、减水剂，降低水化热程度，减少水泥实际含量；再者，对混凝土浇筑工艺和水平进行优化升级，切实降低混凝土温度，借助相关工艺满足预期要求；接下来，结合实际状况，混凝土浇筑施工工序进行妥善控制，进行浇筑途中，降低温差给混凝土凝固产生的各类影响。使用科学有效的分层、分块的管理办法，妥善进行混凝土散热工作；最后，混凝土进行养护时需要严格控制标准，混凝土实施浇筑完成过后，养护工作是至关重

要的，如果天气温度高，需要保护混凝土，及时覆盖和降温，立足实际，妥善进行洒水防晒工作。参照施工要求，强化养护管理期限，杜绝发生温差过大的情况。

根据水利工程施工建设中混凝土出现裂缝的各项原因，立足实践妥善分析混凝土裂缝控制技术，建设水利工程时，混凝土产生裂缝大多是因为各类原因所造成的。因此，我们需要使用科学的混凝土施工办法，配置最佳的混凝土比例，妥善进行养护管理工作，从源头控制管理原材料工作，在很大程度上能有效预防和减少混凝土发生裂缝的频率，进而使得水利工程能够在施工时得到有效保障，以此促进水利工程施工在未来建设中的基础，为后续实施水利工程奠定坚实支撑。

第五节　水利工程施工中模板工程技术

随着现代社会的不断发展，工程质量逐渐被人们所重视，而水利工程由于与人们日常生活关系密切，其工程质量尤其被人们所重视。不断提高水利工程相关技术将是对其工程质量的良好保障，将更新颖更专业的模板工程技术应用到水利工程施工中，便是保障工程质量，提高相关技术重要举措之一。

一、模板工程技术的相关概念

（一）模板施工技术的重要性

在水利施工中，混凝土浇筑构（建）筑物前需要在该地先做出一个浇筑模板，制作这块模板便是水利工程中的模板工程。模板工程分为两部分，其一是模板，其二是支撑，混凝土是直接浇筑进模板与模板之间进行直接接触的，所制作模板的体积是由图纸上混凝土的浇筑体积决定的。模板工程的支撑部分就是起支护模板，让模板位置安装正确并能承受混凝土的浇筑以实现模板功效的。同时由于模板直接决定了混凝土的成型，这便需要模板与混凝土最大程度实现尺寸、体积等方面的符合程度，以将误差最小化。模板方面，若是各模板的接缝处不严密就会使得后续混凝土浇筑时发生严重影响工程质量的漏浆情况。而支撑方面，如果支撑力度不达标，那么在后续混凝土施工时就容易导致变形和错位等质量缺陷，甚至质量事故的发生而严重降低其工程质量，与之相应的模板相关方面就会出现偏差，不仅影响着水利工程的质量甚至还会导致水利工程坍塌，导致各种事故的发生，故而近年来我国水利工程施工对其施工质量也确定了相关的标准。模板工程技术在水利工程中的地位由此可见一斑。

（二）关于模板的主要分类方式

模板类型众多，为了使模板使用更加规范化、科学化，常以多种分类方式进行一定分类，也便于查找应用。其中分类主要标准分别是按制作材料分类、根据不同的混凝土结构类型、按模板的不同功能、按模板的不同形态、按照组装方式的不同、根据不同施工方法不同和所处位置的不同这七种标准。通过多种的分类方式，以便施工中能更快捷有效率的进行相关模板选择，并通过更切合实际的模板来实现更高效的建筑施工，并通过一定的相关工程技术，有效提高整个工程的质量。

（三）模板设计的相关要求

在混凝土施工中，混凝土凝结前始终处于流状物体，而将这种形态的混凝土制作成符合设计要求的形状和尺寸的模型，即是模板。首先，要确保施工完成后所得到的混凝土的各个方面符合要求，而模板也要更好地保证刚度、强度和耐久性，以确保其安全性与稳定性。在拆装模板时也要确保模板的便捷性，不破坏模板重复利用的同时保证结构达到相关标准。同时，也要求模板的外在方面做到表面光滑、接缝严密，同时由于未凝结时混凝土处于半流体，模板还需有良好的耐潮性。在模板的设计方面，技术工作人员要对施工地点、环境等实际情况进行现场调查，以确保设计出的模板方案科学合理、符合施工要求并切合当地实际情况。此外，模板设计时还要制定配图设计和支撑系统的设计图，然后根据施工中的详细情况进行一定计算，确定科学合理的模板装卸方法。

二、模板施工技术在水利工程中的应用

（一）模板施工的连接技术

在模板设计完成后，将根据实际情况以各种方式进行模板连接工程，故而模板工程技术应用于水利工程施工的过程中，技术人员应当重视机械连接、接头质量、焊接类型等各种连接过程的细节，并在连接施工结束后，对相关成果进行详细的全方位检查，以最大限度的保证工程施工中模板工程技术施工的工程质量。此外，在水利工程施工模板技术的应用过程中，施工人员可以在某根钢筋上仅安置少量钢筋接头，如此不仅能够最大化的提升模板工程技术应用的质量，对后续施工技术的展开也有着积极影响。

（二）模板施工中的浇筑技术

在开展模板工程施工的过程中，需要严格要求模板工作的相关程序，以确保工程中最重要的质量问题，而混凝土浇筑技术则有着影响水利工程施工中的性能以及安装效果的作用。混凝土浇筑过程中，要确保模板工程的支撑部分能起到支护模板的作用，同时保证准确的模板安装位置，最重要的是承受住相应的内外力荷载，以确保混凝土浇筑过程不会出现降低浇筑强度而导致工程质量下滑的恶劣影响。

（三）施工结束后的拆除技术

随着水利工程技术与模板工程技术的不断发展，模板拆除的相关技术也有着一定的发

展成效。在对模板进行相关拆除时，需要确保侧模和混凝土强度已达到相关要求，为此，对于模板拆除工作的相关要求是在选择底模时，需要设计强度满足标准值八成左右方可进行拆除。经实践证明，在将模板拆除技术应用于实践时，施工人员要根据具体的实际情况，将模板进行全面、同步的拆除工作，最大限度地避免模板掉落等模板损坏、损毁情况的发生，避免损失掉不必损失的人力物力。此外，还要在拆除过程中，对拆下的模板及时进行清理，针对相应模板进行一定的清理维护工作，确保更有效的重复利用模板。模板拆除技术在一定程度上提升了水利工程的工程质量，落实了水利工程中模板工程技术的应用水平，也有着一定现代循环利用的环保理念。

三、模板工程的相关材料

在水利工程中，与其他建筑工程的实际不同而需要模板材料具有更高的强度和刚性同时兼具一定的稳定性能。以达到相关的要求，确保在模板承受施工荷载时发生的变形仍在可控的安全范围内。而以模板的外观要求来说，主要就是保证表面的平滑性，确保其拼接过程中不会发生缝隙等质量问题。而模板的其他要求来看，需要将模板与施工中所选混凝土的特性相结合，当施工中要求混凝土技术较大时，相应的就要选择大型模板来施工，同时配以更好的刚性材料。而在模板支护方面则要注重模板两侧的安装及防护，以此保障模板的稳定性确保模板不会受到外力的影响，同时，在安装模板时也要对正确拆卸拥有一定认知。而对于水利施工中模板工程来讲，对于刚性是有着严格的要求的，并且模板支护也要做好全面实际的分析调查工作。模板支护时要保证所固定基础面上的坚实度能够满足实际需求，一般还要根据施工过程的持续不断增加相应的支护板，以满足施工中的要求，符合有关质量问题的要求。

此外，在模板施工前要对模板中的杂物进行检查并予以相关处理，确保模板一定的洁净性。

综上所述，模板施工技术占据了水利工程施工中重要的地位，模板施工的质量直接影响了混凝土结构的质量，也即是工程质量。相关工作人员与管理人员应重视模板工程的价值，通过更多不同的有效举措保证模板工程技术更好的应用在水利工程中，以促进水利工程施工的相关质量与效率。

第六节　水利工程施工爆破技术

在水利工程施工中，通过利用爆破技术来为施工提供相应的空间，而且还能够用来采集石料和完成特殊作业任务。如在水利工程施工中，堤坝爆破。堤坝开渠、堤坝截流及水下爆破等施工中，通常都需要应用爆破施工技术。

一、水利工程施工用的爆破材料

（一）起爆炸药

起爆炸药是水利工程较为常用的爆破材料，其具有较高的爆炸威力和较高的化学稳定性。雷汞炸药、硝基重氮酚炸药都要吧作为起爆炸药。这其中硝基重氮酚炸药具有较高的耐水性能，因此在水利施工起爆中较为常见。

（二）单质猛性炸药

单质猛性炸药是水利工程中较为常用的爆破材料，其中常用的成分为 TNT 及硝化甘油，这些物质不溶于水，因此可以用其在水下进行爆破作业，但这种爆破材在水利施工的地下爆破施工中不具有适用性。这主要是由于 TNT 在爆破中会产生一氧化碳，因此不会单独使用，需要与硝酸铵等化学物质一同使用。

（三）混合猛性炸药

混合猛炸药在水利工程中也较为常用，这种爆破材料以硝酸铵脂类化学物质为主，可以在水下爆破施工，爆破材料敏感度不高，可以有效地提高其使用中的安全性能。在相同工作量基础上，利用混合猛性炸药，具有较强的经济性。因此在水利施工中应用最为广泛。

二、水利工程起爆方法

（一）火雷管起爆法

利用火雷管起爆时，通过运用点燃的导火索来达到起爆。这种起爆方法操作较为简单，而且成本较低，在当前一些小型、分散的浅孔及裸露的药包爆破中应用十分广泛。但利用火雷管起爆过程中，工人需要直接面对点炮，安全性较差，而且控制起爆顺序也不准确，很难达到预期的效果。而且在火雷管起爆法中，无法利用仪器来检查工作质量，出现瞎炮的可能性较大，因此在一些重要及大型的爆破工程中不宜应用。在具体应用过程中，需要做好雷管保管工作，注意防潮及降低敏感度，导火索不宜受潮、浸油及折断，需要做好相应的保护措施。

（二）电雷管起爆法

利用电雷管通电起爆法来对爆炸包进行引爆，需要计算电爆网路，并采用串联、并联和混联三种方式进行电爆网络连接。这其中串联网路布置操作简单，所需要电流较小，而且电线消耗也少，能够提前对整个网络的导通情况进行检查，一个雷管出现故障后，整个网路就会断电拒爆。对于并联网路，其需要较大的电流，无法提前对每一个雷管的完好情况检查，即使某个雷管存在问题也不会有拒爆情况发生。混联有效的集中了串联和并联的优点，在一些规模较大及炮眼分布集中的爆破中应用更为适宜。而一些小规模的爆破多采用串联和并联的方法。

（三）导爆索起爆法

利用雷管来引爆导爆索，然后由导爆网路引爆炸药，在一些深孔和洞室爆破中进行应用。这其中可以利用火雷管和电雷管引爆导爆索，而且雷管聚能穴需要与传爆方向保持一致。采用并联或是并串联的方式联结导爆索网路，在有水和杂电的场合都可以进行使用。但这种起爆法价格较为昂贵。

三、水利工程施工中爆破技术的应用分析

（一）深孔台阶的爆破技术

深孔台阶的爆破技术指，孔径要大于 50mm，而孔深大于 5m，对多级台阶进行爆破。只有两个自由面及以上才能开展爆破，而多排炮孔之间可以毫秒延期进行爆破，爆破的方量比较大，破碎的效果好，而且振动的影响很小，在我国水利工程中得到了广泛的应用。

（二）预裂和光面的爆破技术

预裂爆破是沿着设计和开挖线，打密集孔安装少量的炸药，预先完成爆破缝，防止爆破区导致岩体破坏的技术。光面爆破是在开挖线布置一些间距小，平行的炮孔，进行少量装药，同时起爆。在隧道中的爆破，设计线内岩石不使线外围岩受到破坏，围岩面可以留下清晰孔痕，保持断面成形的规整和围岩的稳定性。

（三）围堰爆破的拆除

我国一些大型的水利工程，在建设中需要遇到很多需要拆除的一些临时性的建筑，典型的代表就是围堰爆破拆除，可以利用围堰顶面和非临水面开始钻爆作业。而爆破要求要做到一次爆通成型，才能实现泄水与进水的要求。还要保证周围已建成建筑不受到损害。

（四）定向爆破进行筑坝

定向爆破进行筑坝是高效的开发水资源的施工方法，这种施工方法具有一定的优势，一般不需要使用大型的机械设备，对施工的道路要求也不高，而采石、运输和填筑都可以一起完成，有效地节省劳动力与资金的投入，施工进度很快。

（五）岩塞的爆破技术

岩塞爆破属于水下爆破，目的是引水和放空水库，可以修通到水库的引水洞与放空洞。工程完成后，可以把岩塞炸掉，使洞和库及湖连通在一起。水下岩塞的爆破可以不受到库水位的影响，也不会受到季节限制，还能省去围堰工程，施工周期短，效果好，资金投入低。而且水库运行和施工之间不会受到干扰。我国的岩塞爆破已丰满水库的规模最大。

（六）隧道掘进的爆破技术

水利工程建设中地下工程开挖是非常重要的一项内容，通过隧道掘进钻爆方法能够与不同地质条件相适应，而且成本较低，在一些坚硬的岩石隧洞和破碎的岩石隧洞中具有较好的适用性。由于爆破开挖作为施工的第一道工序，会对后续工序和施工进度带来较大的影响，因此需要掌握隧道掘进爆破施工技术要点，以此来确保达到较好的爆破效果。

四、瞎炮处理

未能爆炸的药包称为瞎炮，为避免瞎炮，需要做好预防工作，应认真检查爆破器材的有效期，选择可靠安全的起爆网路，小心铺设网路，起爆前应全面检查网路和电源，发现瞎炮立即设置明显标志，由炮工进场当班处理，具体做法有：检查雷管电阻正常，需要重新接线引爆；证实炸药失效，敏感度不高，可将炮泥掏出，在装起爆药引爆；散装粉末状炸药可以用水冲洗，冲出炸药等。严禁用镐刨处理瞎炮，不许从炮眼中取出原放置的引药或从引药中拽出电雷管。不准用打眼的方法往外掏，也不准用压风吹这些炮眼，不得将炮眼残底继续加深。因为以上这些做法都有可能引起爆炸。处理瞎炮后，放炮员要详细检查炸落的煤、矸，收集没有爆炸的电雷管，交回爆炸材料库。

在水利工程施工过程中，通过掌握爆破施工技术，可以确保水利工程施工的顺利开展。而且在水利工程施工中应用爆破施工技术，可以全面保证水利工程施工进度提速和施工质量。当前水利工程施工中爆破工程技术应用十分广泛，在具体应用中需要从设计和施工方面严格要求，全面提高爆破水平和操作水平，确保爆破工程技术能够在水利工程施工中发挥出更大的作用。

第七节　水利工程施工中堤坝防渗加固技术

水利工程项目的相关建设中，堤坝的防水性能和结构稳定性能否达到既定标准，直接决定了整个水利工程的施工质量。堤坝的施工在整个水利水电工程中，都是至关重要的，也是整个工程项目的基础和前提。影响其施工质量的客观因素种类较多，而堤坝的施工所涉及的技术也较为繁多，如此一来，就为施工质量的控制增加了难度。为了能够保障水利工程项目的安全性，确保在后期使用中能够发挥出最佳的效用，相关施工人员应当重视堤坝的防渗加固技术，制定合理的施工方案，使得这一技术能够在水利工程建设中达到最佳效果，从而有效提升水利建筑的工程质量。

一、堤坝防渗加固在水利工程施工中的重要性

随着我国科技水平的发展，水利工程建设等基础建筑行业越来越受到重视。然而，由于技术水平和管理手段在行业实际发展过程中还不够完善，使得我国许多已经完工的水利工程在投入使用之后，才发现存在安全隐患，不仅会影响该建筑的正常使用，还会威胁到社会财产安全以及人民的生命安全。

在水利工程施工时，渗透破坏是堤防工程中的常见问题，堤坝容易受到水流侵蚀而出现渗漏，长此以往甚至还会产生逐渐坍塌的现象。对堤坝产生的破坏，直接影响整个水利工程的运作，同时还会对周边的生态体系、居住环境、社会安全造成严重影响。因此堤坝防渗加固在堤防施工中应作为施工的重中之重，一旦在施工过程中出现渗透破坏，应遵循前堵、中截、后排的原则，结合工程实际对堤身、堤基防渗加固方法进行分析，并采用合理、科学的防治加固措施，充分保证堤防工程的安全性。

二、水利工程施工中堤坝防渗加固技术的合理使用

（一）施工方案的合理规划

在水利项目的施工中，将堤坝防渗加固技术应用进来，主要是为了提升整个工程项目的建筑质量，增强其安全性能，减少安全事故发生的概率，同时对整个工程的结构进行系统、完整的优化。施工方案的制定是整个工程开始的前提和基础，因此这一环节无疑是至关重要的，要求设计人员必须充分了解整个工程的周边环境和预算、用途等情况，并对这些数据统筹分析，与施工的目的结合起来，寻找其中的平衡点，制定最佳的施工方案，为具体的施工提供指导和依据。

（二）堤坝防渗加固技术应用时需要遵循的原则

由于水利工程项目的特殊性，尤其是公共基础性质比较强，与人们的社会生产生活息息相关，因此必须遵循既定原则，通过有序的施工确保其质量。首先，在进行堤坝部分施工时，随着社会发展的变化，必须收集更多的有用信息，特别是要对周边地域环境进行周密的调查和考察，从而为设计方案的制定提供数据。同时，在选择堤坝防渗加固技术时，需要考虑到工程的实际用途，以及当前情况下的工程预算，从而根据成本的使用制定完善的管理措施，并在施工中加强监督与控制。此外，根据工程的实施进度，应当安排周期性的质量管理与检测工作，确保每一个环节的施工都不存在纰漏，保证整体质量达到要求。

（三）堤坝防渗加固常用技术

1.速凝式低压灌浆技术

这种技术主要适用于水位较高的情况，需要施工人员充分了解水流上涌位置的分布以

及地质情况，选择恰当的位置进行钻孔施工，将具有凝固作用的填充物质注入其中。从而控制水流的速度，增加阻力，最终阻挡水流侵蚀。但是这种方法适用范围较小，操作起来不够便捷，还需要进一步改进。

2. 帷幕灌浆技术

这一技术是否可以采用，需要结合平行面上堤坝所呈现出来的曲直程度来决定。它的优势在于操作比较便捷，能够选用质量较轻的钻孔工具，同时在位置的选择上也比较灵活，可以根据实际情况的变动来进行合理的调整，而不会影响最终的施工效果。这种方法因其明显的优越性而备受青睐，在我国现阶段的水利工程施工中，是一种比较常见的堤坝防渗加固技术。

3. 灌浆加固法

这种方法在堤坝施工的灌浆和堆砌阶段使用最为广泛，通过填补堤坝表面存在的细小空隙，增加其结构稳定性，使其更加牢固。在施工中使用该技术必须注意，要对压力作用的面积和频率采取严格的控制方案，以防过度加压造成堤坝出现变形情况。

4. 混凝土防渗墙的使用

就现阶段我国水利工程堤坝施工的技术水平来看，采取额外的防范措施是十分必要的。混凝土防渗墙的存在就是为了设置双重保护，进一步减少水流对堤坝的侵蚀和冲击，减缓施工阶段堤坝所需要承受的压力和外界环境因素所造成的影响，从而保证其安全性能，确保在施工阶段堤坝的质量不会影响到整个工程的顺利进行。

综上所述，堤坝的施工在水利工程建设中，有着十分关键的作用，也是整个工程备受关注的一个重点环节。近年来，堤坝的防渗加固越来越受到重视，在施工中应用较为先进的技术取得了显著成果。在具体的施工过程中，施工单位应根据实际情况，谨慎选择适用的防渗加固技术，不放过每一个环节，严格把关堤坝施工的质量，从而保证整个水利工程施工的安全性。

第八节　水利工程施工的软土地基处理技术

水利工程在施工建设中展现出了重要地位，这些工程往往实施软土地基之上。在这其中，软土地基的施工技术会和水利工程施工质量相挂钩。软土地基会拥有很大的空隙，展现出较高的含水量。因此，就降低了承载力。对软土地基进行有效处理迫在眉睫。软土地基有一定的危害性，这对于水利工程的施工产生了一定的影响和阻碍。因此，水利工程施工的过程中就应该合理运用软土地基处理技术，让工程顺利和稳定地开展。

一、软土地基概述

（一）软土地基的定义

水利工程和民生社稷存在很大的关联，在进行选点的过程中往往是在河、海岸边湿度比较高的地方。通常是以软土地基为基础，其中涵盖了比较多的黏土、粉土和松软土。同时，也拥有一定的细微颗粒有机土，泥炭和松散的砂石也是其中的一部分。软土地基并没有良好的稳定性，内部有比较大的空隙。如果接触了水分的侵蚀，就会出现土质下降的问题。在进行水利工程建设的过程中，对软土地基，就应该进行长时间的排水准备，让地基得到固结处理。

（二）软土地基的特征

第一，低透水。软土地基往往是由淤泥质黏性土构成。这样的地基性质并不能在渗水层面有很大的效果。在开展施工之前，要对软土地基进行处理，主要是从排水性能层面出发。其中经常受到关注的便是排水固结方法。在进行软土地基排水的过程中，往往要涉及很大的精力。地基在沉降上会花费比较多的时间。

第二，高压缩。软土地基自身并没有较强的强度。这样，就会有一定的压缩空间。在增加工程的质量时，软土地基就会受到工程的影响，受到一定的压力。压力的大小和塌陷之间是处于正比的关系。在其中有一个临界值，那就是在压力超过 0.1MPa 的时候，软土地基就会发生变形，严重的可能会出现塌陷的问题。

第三，沉降速度快。通常情况下，我们从建筑的地面层面着手。如果地面建筑高，就会加剧软土地基的沉降速度。在相同的软土地基条件下，工程的总体质量就会出现很大的沉降。

第四，拥有不均匀的特点。一般来说，软土地基在密度上存在很大的不同。同时，还会涉及不同强度的土质。在软土地基接受不同力度的时候，地面建筑的作用导致地面建筑出现裂缝的问题。在长时间压力下，就会出现坍塌的问题。

二、影响软土地基处理技术选择的因素

影响软土地基处理技术选择的因素有很多，如果在进行处理技术选择的过程中，没有关注其中涉及的影响因素，那么就会对水利工程的质量产生很大影响。由此，下面着重从工艺、施工周期、工程质量和环境层面分析，具体如下：

（一）工艺性的选择

在水利工程施工的过程中，往往涉及了比较多的施工工艺。但是，其中的质量标准是从工程的等级上确定的。比如，国家级的水利工程施工和地方性的水利工程施工在材料、

工艺和质量的要求上就存在很大的差别。因此，在针对工艺选择上，就应该着重关注工程的成本，还要考察施工的具体环境等内容。

（二）工程质量要求

通常情况下，工程的具体用途和建设的等级存在差异，就会对水利工程质量标准产生一定的影响，并展现出不同。所以，在水利工程施工运行的过程中，要值得注意的是，并不是软土地基在处理上越完美越好。还应该注意工程的质量和造价等层面的内容。

（三）工程工期要求

在水利工程施工建设的过程中，比较重要的一个事项就是建设工期。要对施工的建设时间进行重点把控，不能因为过短或者过长的工期而影响工程的整体质量。因此，在实际开展施工的过程中，就要积极关注水利工程的工期要求。在此，应该对工程的各个阶段时间进行合理安排。从整体上保证工程的时间符合要求。在进行软土地基处理技术选择的过程中，就要十分依赖整个水利工程的工期。

三、水利工程施工中软土地基处理技术

在水利工程开展施工的过程中，就应该针对软土地基实行针对性的处理技术。在其中要关注土质的硬度和强度，对材料进行重点选择。通常，水利工程施工中软土地基处理技术涉及了排水砂垫层技术、换填垫层处理技术、化学固结处理技术和物理旋喷处理技术。下面对水利工程施工所运用的处理技术进行一一阐释，具体如下：

（一）排水砂垫层技术

排水砂垫层主要是把其中的一层砂垫层铺设在软土地基的底部。在进行该工作环节的过程中，就应该要求砂垫层有较高的渗水性，让排水的面积变得越来越大，拥有十分广泛的领域。在填土的数量逐渐增加的情况下，软土地基上就会拥有比较大的负荷，水分也会逐渐流走，并经过砂垫层。在此背景下，软土地基就需要进行不断的加固，以此和工程建筑的标准和设计要求相吻合。为了让砂垫层更好地进行渗水，就应该让砂垫层上面拥有隔水性能比较好的黏土性。在此模式下，地下水就不会出现反渗水的现象。垫砂层在进行材料选择的过程中，就应该从强度大和缝隙大的透水材料层面着手。其中具有代表性的就是鹅卵石和粗砂等。在排水砂垫层之中，经常是运用具有大量水分的淤泥性质的黏性土，还有泥炭等。这样，在排水的过程中，就会让土质的压缩性得到减小。

（二）换填垫层处理技术

换填垫层主要是通过机械设备对浅层范围内的软土层进行挖掘和整合，转变为具有较高强度和较高稳定性的矿渣和碎石等材料。随之，要实行分层务实和振动的措施，让地基的承载能力和抗变性得到全方位的提升。在具体开展施工的过程中，就应该对底层材料进

行优质选择，要保持谨慎的态度，并关注高强度和小压缩性。在发现空隙的时候，就应该运用透水性能比较好的材料进行排水。这样，软土地基在凝结上会上升到一定的空间。在针对浅层地基进行处理的过程中，着重关注低洼地域和淤泥质土的回填处理。这个时候就可以运用换填垫层处理技术。一般情况下，换填垫层在进行处理的过程中，为了防止出现低温冻涨，让固结处理得到进一步加快的背景下，就应该在填土层面空留一些缝隙。针对具体的空隙进行排水。在技术实际运行的过程中，就应该科学和合理的选择施工材料，要让材料拥有较高的硬度。其中，最为合适的材料便是沙砾、碎石和粗砂。

（三）化学固结处理技术

对化学固结处理技术进行全方位阐释，其主要涵盖了灌浆法、水泥土搅拌、高压注浆三种形式。对这三种形式进行分析，都是把固化剂和软土粘合在一起。这样，就会让深层的软土拥有较高的硬度。最终，在提高软土地基的硬度和强度的情况下，让工程质量得到保证。灌浆往往是从土体的裂缝出发，在其中灌入水泥浆。在其中借助土体物理力学性质，对其结构进行转变，并实现固结。通过这样的手段，就会让地基的陷入程度减少。地基的承载能力在很大程度上得到了提高。这样的处理技术，特别适用于含水量比较高的地基，这也使其具备较强防渗漏的作用。水泥土的搅拌处理技术，往往涉及了五米左右的加固深度，在进行实际使用的过程中应该对土质开展强度的验证。这样，才会确定出合适的水泥掺合量。该技术适合那些含水比较多和厚度比较大的软土地基。在进行化学固结处理技术实行的过程中，施工方应该对地基和水泥之间会产生的化学反应进行重点分析和把握，在制定出有效的管理举措下，能够让地基固化速度逐渐提升。

（四）物理旋喷处理技术

在软土地基处理技术运用的过程中，其中具有代表性和经常运用的一种技术就是物理旋喷处理技术。该技术运用的过程中，能够在注浆管自软土拥有一定深度进行缓慢上升的同时，实行高速旋喷模式，能够通过混合加固喷射的形式，展现出完美的喷桩。在此，就可以让地基进行扭动，软土地基拥有较强的强度。在实行该处理技术的过程中，要适当运用。比如，针对那些有机质成分较高的地基就不宜运用这种技术。针对有机质成分非常高的土层中是禁止运用该技术的。

综上所述，在当前我国水利工程软土地基处理的时候往往隐含一定的问题。众多问题的影响会对水利工程的周期产生很大的阻碍，导致周期和实际工程标准相背离。由此，要对软土地基进行进一步的了解，关注其中涉及的软土处理技术。在具体施工的过程中，就应该关注工程的具体情况，能够对造价成本进行重点控制，选择合理的处理技术。在对软土地基处理效果进行重点优化的情况下，能够保障水利工程的整体质量更加安全和科学。希望本节对水利工程施工中软土地基技术的分析，能够为水利工程的运行提供参考。

第九节 水利工程施工中土方填筑施工技术

在水利工程的具体施工过程中，涉及很多方面的施工技术，其中土方填筑施工技术有着很多方面的优势，对于整体的工程建筑都有着十分重要的作用，可以确保水利工程施工得到更有序地推进，确保整体工程的质量和性能。然而，同时也要着重看到，该项施工技术的工序比较复杂，所涉及的范围和内容十分广泛，对相关的流程和步骤都有着严格的要求，如果在具体的施工过程中没有按照相对应的施工要求严格操作，会造成十分严重的后果。从具体的操作流程和工序来看，主要是从清理场地起步，然后结合实际情况进一步加工填筑材料，最后用推土机把辅料进行相对应的平整，进一步对其进行震动碾压。其中每一个环节都要进行严格细致的把控，并对最后的结果进行认真检验，确保其质量合格之后才能投入应用。据此下文着重探究水利工程施工中土方填筑施工技术等相关内容。

一、水利工程施工中土方填筑施工的基本流程

在水利工程的具体施工过程中，有针对性地进行土方填筑，在具体的操作环节主要分成三大板块，分别是材料拌合、土方挖掘及混合材料填筑。有针对性地结合具体的施工计划，必须要在施工之前做好相对应的准备工作，进一步结合相关数据，有效划分各个填筑单元，划分完毕之后，要着重针对填筑单元实施相对应的测量和放样。与此同时，为了确保充分满足后期的建筑需求，要进一步平整土地，使地面的松土得到切实有效的清理，从根本上有效满足基面验收的具体标准。把所有的准备工作完成之后，要结合具体情况有针对性的测量各区段边线的具体数据，在这个过程中可以用撒白灰的方式进行标注。然后结合工程的需要进一步准备相对应的填筑料，并结合具体的施工内容和类别，选取更科学合理的填筑料，同时在事先做好放样的制定区域摊铺填筑料，同时要科学合理的控制和管理相应的厚度。摊铺之后，要碾压填注料，然后进一步加强其铺设的厚度。针对取样而言，要进行严格的检验，如果在检验的过程中发现某些不合格的问题，要进一步重复的碾压，同时要再一次的进行抽样检验，一直到检验合格之后才能推进下一阶段的填土层施工。

二、在水利工程土方填筑施工过程中的注意事项

水利工程中的土方填土施工，在具体的施工中，相对来说施工程序十分复杂，所以必须着重把握其注意事项，它的施工质量和整体工程有着至关重要的紧密联系，在具体的施工过程中要严格把关，从根本上有效贯彻落实相关方面的基本原则，有效遵循土方填土中所涉及的三个大的基本原则，分别是就近取料、挖填结合、均匀施工等。土方填筑具体的施工环节，一定受到很多方面的因素影响，特别是客观环境的影响程度比较大，所以要有

针对性的结合施工现场的具体情况以及施工材料等相关因素，进一步科学合理的规划好出料场的位置，真正意义上有效执行就近取料的原则。而挖填结合不要指的是在施工的前期，要根据工程的具体规划和设计内容，针对施工的相关环节和因素都要进行全面深入的考察，并着重针对工程土方、填筑总量、施工质量等一系列相关情况进行详细深入的测量和计算。在具体的水利工程填土施工环节，同时要有效贯彻落实均匀施工的基本原则，在有效利用装卸车把材料运输到施工场地之后，之后再采用进占倒退铺土法把填筑料卸到土层路面上，之后在结合实际情况选用推土机对其进行平整和铺设，同时严格细致的检验碾压的宽度，从根本上有效确保满足既定的碾压要求，然后再预留出超出设计线 20 ~ 30cm。然后再有效利用人工和机器密切配合的方式，在最大程度上降低人力的劳动强度，以此确保筑土料和填筑料的硬度。

三、水利工程施工中土方填筑施工技术的施工要点

（一）在施工之前所进行的准备工作

施工前期的准备工作与整体水利工程的质量和性能以及工程造价和进度等都有着至关重要的紧密联系，切实有效的着重做好施工准备，能够有效确保整体的施工过程更有章可循，有法可依，使相关的操作更有针对性和高效性。针对土方填筑的前期准备工作来说，要结合实际情况更有效地进行相关方面的碾压试验以及涂料的试验等工作，并着重做好人员安排，选用更科学合理的材料，并配备相对应的施工机器等等。与此同时，在整体的土方填筑施工环节，要着重针对基面进行切实有效的清理，同时要确保边界得到更有效的控制，确保整体的基面能够保持清洁。土方填筑之前所涉及的准备工作，还包括铺料方式、铺料厚度、碾压遍数、铺料的含水量等一些相关情况的预测和规划，通过这样的方法为后续的填筑施工提供更有针对性的施工技术参数，确保各项工作能够更有条不紊地推进。

（二）水利工程中的土方填筑

在具体工作的推进过程中，要着重根据施工方案和施工现场的地形结构等情况进一步实施土方填筑工作，同时要进一步有效实施摊铺、平料、压实、质检、处理等相关方面的具体操作。在填筑过程中，针对物料的填筑而言，要有针对性的选用自卸汽车进行运输装卸，用推土机平土，压实。在具体的施工环节要贯彻落实从上到下逐层填筑的基本原则，确保每一层的施工面理论厚度不超过 30cm。然而也要进一步结合具体的地形地貌以及施工现场的气候条件等一系列相关因素进行综合性的衡量，具体的铺设厚度要有针对性的结合施工前期所进行的碾压实验，来针对厚度进一步有效增减。在平料的过程中，要着重针对施工细节进行科学合理的把控，在最大程度上规避大型施工机具靠近岸墙碾压，从根本上杜绝挡土墙某种程度上出现位移或者沉降的问题。在实际的施工过程中，相关工作完成之后，要对其进行及时有效的检验和审核，从根本上保证其不出现沟渠等问题，进一步确

保地面的平整程度，如果在某种程度上出现一定问题，要及时有效的对其进行修正，可以有效通过液压的反铲实施削坡，在稳定平整挂线之后利用人工的方式，对其进行有针对性的调整和修理，使其能够真正意义上与工程的质量标准高度吻合。

（三）水利工程中的路基填筑

在水利工程的土方填筑过程中，路基的填筑是其中至关重要的组成部分，它也是整体工程的基础所在。水利工程的路基填筑要进一步进行实验和测量，有针对性的严格按照相应的规范流程和实验结果，进一步参考后期的参数依据，推进各项工作。在试验完毕之后，要进一步明确施工过程中的相关数据，然后有效利用反铲的现场拌和的方式，在每隔 10m 的地方设置相对应的中边柱，同时结合具体的施工数据，进行更精准有效的测量。在基面对杂物进行清理合格之后，要进一步水泥回填，在这个过程中要确保水泥料的压实度和湿度都与相关要求高度吻合，以此保证整体工程的施工质量。

总而言之，通过上文的分析，我们能够很明显地看出，水利工程施工过程中所涉及的土方填筑施工技术有着至关重要的作用，它与水利工程的整体质量和工程造价，施工进度等有着至关重要的紧密联系。在当前水利工程事业不断飞速发展的同时，土方填筑技术使工程的性能得到进一步增强，确保水利工程能够创造更大的效益。

第六章　水利项目的管理

第一节　我国当前水利项目管理信息化现状

随着人们生活水平不断提高，我国水利项目数量不断增多，与此同时，水利项目管理也逐渐受到更多关注，社会信息化背景下，水利项目管理信息化成为了水利工程管理的主要发展趋势，全面实现管理信息化，不仅是我国水利工程建设现代化的要求，也是实现资源优化配置，降低成本投入的需求。以此为内容，首先对水利项目管理信息化现状进行分析，继而提出了相关的解决对策和建议。

一、当前水利工程项目管理信息化的内容

（一）项目信息规划

项目信息规划是指水利工程中涉及的一些信息，例如工资、成本等，是水利工程项目管理中第一项重要内容，工资和成本是项目信息规划中重要程度所占比重最大的，项目信息规划是通过对水利工程实施过程中发生的一些信息进行规划和把控，为水利工程的顺利进行做铺垫。

（二）施工流程控制

施工流程控制是水利工程项目管理中第二项重要内容，施工流程控制是通过对施工过程中产生的信息进行控制与管理，对表现出来的信息进行分析和预测，对在施工过程中产生的问题进行分析，找到产生问题的原因，对症下药，采取合适的措施解决问题，结合在施工过程中得到的有用信息进行来对工程中的各方面进行把控，只有对施工过程中的各部分信息进行严格把控，才能保证工程的顺利实施，才能不耽误项目的进程。

（三）施工工艺管理

施工工艺是水利工程项目管理中第三项重要内容，随着科技的进步，传统的施工工艺逐渐被淘汰，形成一个现代化的施工工艺技术，现代化的施工工艺是传统的施工工艺与现代的科技相结合的成果，在传统的施工工艺中添加入现代的先进的科技技术，形成一个具

有技术性的施工工艺，然而形成的现代化的施工工艺仍然需要进行磨合，不断地适应水利工程才能够形成一个全新的施工工艺。

（四）具体施工安排

在一项水利工程开始前一定会有一个详尽的计划书，但是在实际施工过程中不能够完全按照计划书去执行，因为在实际施工过程中会有一些意外因素和特殊情况的产生，比如天气原因，虽然在计划书中的会有预计的一段时间留给这些意外因素和特殊情况，但是对于意外因素和特殊情况持续的时间是无法估计的，所以当有特殊情况出现时要马上准备好另外的方案来保证工程的正常进行，也可以做些适当的调整，或者做一些准备工作，不能够闲下来干等着，这样不仅耽误工程的进度还会因为这一特殊情况带来更多不可预计的情况。所以在具体施工时一定要有一定的把控，这样才能保时保量地完成该项工程。

（五）网络管理统一化

现今的科技发展进步，无论在什么工程中都离不开网络，所以网络管理在水利工程信息管理中也占有相对重要的一席之位。在水利工程中，网络管理主要是通过对基础设施的管理来进而实现网络管理，网络管理是通过对基础设施的统计，分析之后进行一个综合的网络管理。随着网络不断的升级，网络利用率也在不断提高，因此在水利工程过程中的网络管理也在不断提高，所处地位也在不断上升。

二、加强水利项目管理信息化的重要措施

（一）促进项目管理信息化的传递

在水利工程信息管理过程中的项目管理中，存在一种现象，工程技术人员不懂管理和网络技术，管理人员不懂网络技术和工程技术，网络技术人员不懂管理和工程技术，这就会给项目管理信息化的实行带来问题，由此，相关的部门和组织应该组织相关的工程技术人员、管理人员和网络技术人员进行相应的学习，提高他们的综合技术能力，然后对此批人员进行系统综合的选拔，这样不仅可以减少人员的经费支出，还能够培养一批属于自己的人才。

（二）建立以信息为中心的工作流程

建立以信息为中心的工作流程就是通过多方的信息收集之后，建立一个综合的系统，在系统中存入多方收集到的信息，这样做到多方共用的信息管理系统，减少了因为信息收集所浪费的时间和精力。

（三）推行项目建设标准化管理

针对项目所形成的各种的管理模式，都应该通过在实际应用中的不断实践来进行慢慢

地改进，进而形成一个项目建设标准化的管理，这样，在日后的使用过程中也会更加方便和快捷，不会因为与新项目的磨合而带来一些不必要的问题，节约时间。

（四）大力推广基于局域网、因特网的信息管理平台

在项目管理内部，通过局域网实现内部信息的交流。集团总部通过局域网系统将公告通知、计划安排发布给各单位及下属部门；下属各单位以及外地分支机构通过公司局域网或者互联网，以点对点的方式将第一手资料（包括施工现场图片、工程进度、质量、成本等信息传送回总部，总部迅速提出指导意见又反馈回去。对外可通过因特网实现与政府部门的业务往来电子化。现在许多城市的政府主管部门已经开通网上中报资质、网上资质年检、网上中报项目经理、网上中报职称等网上办公业务。

（五）开发基于因特网的各种应用系统

信息化建设的重点是开发应用以 lnternet 为平台的项目信息管理系统，建立数据库和网络连接，实现网上投标、网上查询、网上会议、网上材料采购等。在施工阶段，利用以 Internet 为平台的项目管理信息系统和专项技术软件实现施工过程信息化管理。

（六）大力推进计算机辅助施工项目管理和工艺控制软件的应用水平

目前，要大力推进施工管理三个控制过程（进度、质量、成木）相关软件的应用。如在进度控制方而，利用网络计划技术可以显示关键工作、机动时间、相互制约关系的特性，根据施工进度及时进行资源调整和时间优化，适应施工现场多变的情在质量控制方面，利用质量管理软件进行质量控制具有处理时间短、结果可靠性高等优点。在工艺控制软件方而，应进一步优化应用较为广泛的深基坑设计与计算、工程测量、大体积混凝土施工质量控制、大型构件吊装自动化控制、管线设备安装的三维效果设计等应用软件。

总之，推行我国水利项目管理信息化的过程中，首先要掌握现阶段我国水利工程项目管理的内容和情况，针对这些内容不断完善对策，以此更好地提高项目管理效果，提升水利工程质量。

第二节　水利项目资金使用与管理稽查

一、稽查内容

资金使用与管理稽查主要包括会计基础工作、资金筹集与到位、资金管理与使用、专项资金使用、竣工财务决算和绩效评价等内容。

（一）会计基础工作

（1）会计机构设置和会计人员配备。

（2）会计核算和会计档案。

（3）内部管理制度和内控制度制订与执行。

（二）资金筹措与到位

主要包括财政资金和自筹资金。中央资金和省级资金以财政国库资金使用指标确认资金到位；地方自筹资金以纳入地方财政预算（如人大通过的预算文件）确认资金到位；投劳折资以实际完成实物投资支出等分析确定；银行贷款以及 PPP 等融资项目以实际到账数确定。

（三）资金使用与管理

（1）账户管理。项目资金实行国库集中支付，经地方财政部门同意开设的账户且正常开展账户年检的项目资金账户是合规的。

（2）保证金管理。保证金只有四种，质保金比例 3%，已缴纳履约保证金，不再同时扣留质量保证金。

（3）建设资金使用范围。重点关注列支不合理建设成本、概算外支出等挤占项目资金行为以及将资金转移、挪用于其他项目行为。

（4）工程价款结算与支付。按照国库集中支付制度有关规定和合同约定，综合考虑项目财政资金预算、建设进度等因素执行。

（5）建设管理费及代建单位管理费要控制在批复概算标准内，一般不得列支业务招待费，确需要列支的，不得突破建管费的 5%。具备或明确实行公务卡结算的费用支出要执行公务卡结算，不得违规大额现金支付等。

（6）审批管理建设单位管理费、代建管理费等突破概算的，按规定履行报批手续。

（四）专项资金使用

水利专项资金包括水土保持、环境保护、安全施工措施、征地移民投资等内容，主要涉及 172 重大项目。

（1）水土保持专项资金使用。中央资金不得用于征地移民、城市景观、财政补助单位人员经费和运转经费、交通工具和办公设备购置、楼堂馆所建设等支持。县级可按照从严从紧的原则，在中央资金中列支勘测设计、监理、招标、工程验收等费用，省、市两级不得提取上述费用。

（2）环境保护专项资金使用。建设项目需要配套建设的环境保护设施，必须与主体工程同时设计、同时施工、同时投产使用；建设单位应将环境保护设施建设纳入施工合同，保证环境保护设施建设进度和资金。

（3）安全施工措施费使用。重点明确责任主体：一是项目法人责任；二是设计单位责任；三是施工单位责任。

（4）征地移民建设资金使用。关注重点是否专账核算；是否存在挤占挪用移民补偿资金；等等。

（五）竣工财务决算

（1）竣工财务决算编制。水利基本建设工程类项目竣工财务决算编制责任主体由项目法人。竣工财务决算按（SL19-2014）《水利基本建设项目竣工财务决算编制规程》编制，或参考《基本建设项目竣工财务决算管理暂行办法》（财建［2016］503号）编制。

（2）竣工财务决算审计。水利基本建设项目竣工验收前，水利审计部门须对建设项目进行竣工决算审计，即对竣工决算的真实性、合法性和效益性进行审计监督和评价，对工程造价进行审核。

（3）资产交付与结余资金处理。竣工验收后，及时办理资产交付使用手续，并按《基本建设财务规则》处理“转出投资”“待核销基建支出”。

（六）绩效评价

按照“花钱必问效，无效必问责”财政资金监管新要求，建设单位应按相关规定要求开展项目绩效评价工作。

二、稽查要求

（1）熟悉领会问题清单，充实完善清单内容。《问题清单》所列问题是多年稽查总结，是水利基本建设项目财务管理发生频率较高的问题，在稽查时，财务专家以《问题清单》为参考，按图索骥地查找问题，定能提高效率，事半功倍。但财务专家不要教条地使用《问题清单》，毕竟《问题清单》列举的是普遍性的问题，因项目实施地域不同，建设模式各异，加之建管水平参差不齐，在实际中还会产生特殊问题，需要财务专家能突破《问题清单》已列的问题，充实和完善《问题清单》内容。

（2）关注财经政策变化，及时更新法规条款。资金使用与管理稽查涉及的法规依据有法律、行政法规、地方性法规、部门规章、地方规章。当前进入社会主义新时代，许多法律法规处于不断修订完善中，财务专家要把握法规引用原则并关注财经政策变化：一是上位法优于下位法、专项资金管理规定优于一般性管理规定；二是细研法规的适用范围，部分法规对大中型水利项目进行了规范，同时要求小型水利项目参照执行，在执行中存在弹性；三是有的部门规章明确要求地方出台实施细则的，要延伸参考地方出台的实施细则；四是掌握财经法规更新动态，及时引用最新的法规条款。

（3）运用会计职业判断，准确把握问题分类。《问题清单》所列问题按“一般、较重、严重”进行三级分类：对资金安全构成重大影响的作为严重问题，其次是较重或一般问题。

在实际稽查中，财务专家应根据会计职业判断，从成本核算、内控制度、资金安全、违纪金额等方面综合分析，对于偶然性的、无牵连性的个性问题，可适当降低问题分类等级；对于问题本身不是特别严重，但从发展趋势研判，可能会对后续项目实施产生严重后果的，宜相应提高问题分类等级。

（4）提升财务管理水平，拓展工程专业知识。2019 年基本建设项目会计核算发生颠覆性变化，《国有建设单位会计制度》废止，《政府会计制度》实施，同时，水利项目建管模式（如 PPP 模式）、PMC 项目管理承包的推广，对项目财务管理带来挑战和投资控制风险等，财务专家需要不断学习新知识，提升财务管理水平。此外，财务专家只有拓展工程专业知识、了解水利工程、熟悉工程造价及概预算等相关知识，才能在水利建设项目资金使用与管理中更充分地发挥指导、帮助、提高的作用。

（5）适应行业监管形势，全面提高稽查质量。“水利行业强监管”新形势落实在稽查工作上，就是要“严、实、细、硬”，即纪律严明、监管严格，作风扎实、问题查实，组织精细、深入仔细，敢于碰硬、处罚强硬。财务专家要努力适应新形势，全面提高稽查质量，做到问题分类恰如其分，责任主体界定清晰，事实阐述简单明了，法规引用严谨充分，原因分析深入透彻，整改建议切实可行，取证材料精准齐备。同时，责任单位要及时落实问题整改，水行政主管部门要加大问责和处罚力度，树立稽查工作权威，达到“强监管”的目的。

第三节　水利建设项目工程变更管理

在水利工程施工中，前期合同的制订无法避免实际施工时可能存在的问题。对于业主而言，在施工中及时进行必要的工程变更是为了使工程建设更为完善，保障工程的质量同时也为节约成本。而对于承包商而言，因为业主和监理工程师提出的变更可获得相应的经济补偿，增加合同价格，在必要时可进行施工索赔。所以承包商更要全面分析施工中出现的变更情况，并结合工程实际及时向业主和监理提交变更资料并进行索赔。

工程的变更管理是工程建设的一个重要组成部分，其是实施水利项目成本管理、有效节省水利投资和提高工程建设效率的最直接和最重要的手段与方法。

一、水利工程变更出现的原因

首先，因为设计之前的现场勘察不够全面，或者直接忽视设计前期的考察工作而是直接进行工程项目施工设计，就会导致设计内容和实际施工项目不符，在实际施工中出现设计变更的情况。同时，即使在设计前做了勘察，但是如果没有再次确认设计方案是否可行，使得在施工中出现设计方案和实际不协调的问题，这时就必须做出变更。此外，造价人员在对工程量清单进行预算时，因为造价人员本身业务能力问题或预算管理方面的问题，比如，制度体系不完善等引起的必然变更。在工程项目合同签订时甲方没有对工程量清单进行逐一的审核，导致清单中出现了施工程序的遗漏，导致工程任务发生变动，使工程造价出现相应的变动而引起变更。

首先，不少施工企业还没有意识到项目变更带来的影响，缺乏变更索赔的意识。尤其对于一些依旧采用定额计价的预算管理方式的建设项目，施工企业对水利工程索赔问题了解不够充分，在工程索赔上的意识也比较薄弱。在一些情况下尽管出现了工程变更，但是往往考虑到以后的合作而不提出索赔，可能在私底下协商解决，这都是因为对变更索赔缺乏足够的认识。此外，因为合同管理方式的落后，以及专业管理人才的缺乏，加上没有完善的管理体系来处理这些索赔事件，所以在发生变更事件后没有专业人才能够及时高效地进行索赔处理，使程序缺乏科学性和合理性。

二、水利建设项目工程变更管理措施

（一）规避风险源头

在水利水电工程施工的过程中，容易受到很多因素的影响，从而出现一些风险。事实上，可以采取合理有效的措施，从源头上规避风险，降低风险发生概率。因此，需要加强对设计环节的管控，严格地按照工程标准和要求来执行，提高设计的科学有效性，保证工程质量。同时，还要从施工各个环节及细节上严格控制，要保证招标环节的公开与公正，保证在施工过程中施工行为的规范性，严格按照招标条款签订合同。在签订合同的时候，要参照工程造价，提高合同价款的性价比。此外，还要加强对前期阶段的勘察与管理，为后续施工的顺利打下基础，减少变更与索赔情况。

（二）保证合同条款的完整性

在工程合同中，要保证所有条款的科学严谨，合同主要是针对项目双方按照招标文件中的条款制定的，应当详细介绍资质审查标准和要求，并明确工程施工能力。如果合同文件中出现含糊其辞，或者是条款规定不够明确的话，都会对合同管理造成很大的影响。因此，要保证合同条款的完整性，减少在实施执行过程中的问题，降低变更索赔风险。

（三）提升工程变更人员素质

工程变更是一项非常专业的工作，需要相关工作人员具有丰富的专业知识、较强的实践经验等，如要求其熟悉与工程变更有关的规章制度、分预算标准，对各种设计知识有所了解，还要求其全面掌握设备的采购、材料的分配、水利技术、技术结构、投资分析与控制等要点。同时，要求相关工作人员具有较高的职业道德和责任心。目前，随着社会的不断发展和经济发展水平的提高，伴随人口数量的不断增长，工作人员的“质量”问题变得越来越重要，将直接影响项目本身的费用及经济发展质量。

（四）提高工程变更工作质量

工程变更不仅必须严格遵守国家价格条例和政策，还必须考虑水利工地的条件。现在的问题是这项工作存在很大的复杂性，需要细致的操作流程，需要符合政策要求，需要高科技技术给予支持。工程变更工作主要包括核准和审查水利设计文件和相关的地图集、地质调查数据、水利技术规格和规章、水利技术改造的预算和费用、水利工程的费用，以及设备、自然条件和水利条件等。

（五）注重索赔谈判技巧

引起工程变更索赔的原因有很多，在进行索赔谈判时要结合实际情况进行判断，且一般很少能经过一次谈判就能解决，往往要经过几轮的谈判。在谈判之前要做好充分的基础资料搜集和整理工作，此外还要有清晰的谈判思路和策略，对存在的问题进行详细分析的基础上提出针对性的解决措施。在谈判时要注意言语技巧和语言表达方式，首先，必须充分尊重对方不能因语言过激而让对方找到把柄使问题复杂化；其次，必须实事求是，以实际情况为依据，以折中的方式让双方利益都不会受到太大损害。此外，要坚持底线，对于突发情况应沉着应对。

（六）转嫁风险损失

在签订合同之后，合同双方要对自身承担的义务和责任进行明确，还要有一定的风险防控意识。同时，合同双方权利一旦被明确规定之后，就不能轻易变更。但是，由于水利水电工程施工周期较长，如果在此过程中出现地震、海啸等自然灾害的话，其造成的后果是签署合同时不能预见的，为了避免此类风险损失，可以按照合同的相关内容进行保险的购买，减少一方或者双方损失。

综上所述，在市场经济快速发展的背景下，企业做好施工中的变更索赔工作是为控制好工程总成本，避免发生巨大经济损失。因此，应不断提升造价人员的业务水平和工程建设施工管理水平，做好项目建设计划管理和施工合同管理。

第四节　水利水电工程的施工项目管理

社会的发展，水利水电的数量明显增加，为了保证水利水电工程施工的质量，需要联系当地的实际情况，做好项目的管理工作，保证水利工程的有序开展。对此，本节分析了项目管理的特点，指出了管理过程中可能存在的问题，并根据日常经验给出了针对性的意见，希望能够更好地推动水利水电工程项目施工的顺利开展。

一、水利水电工程的作用

之所以要加强水利工程建设主要是为了对地表水和地下水的使用进行合理的管控，进而便捷人们的生活，减少水灾害的出现。在水利水电的施工中，要将阀门安装到河道或者是渠道上，更好地对水位进行调节，对水流量进行控制，保证水利水电工程的有效开展。同一个地区水利工程在施工过程中是相辅相成的，同时还能彼此之间有效的制约。同时，单项水利工程在施工过程中具备一定的素养，不同的服务之间联系紧密，但是又存在有一定的矛盾。对此，水利工程在建设过程中需要从多个角度综合考虑，联系当地的实际情况，制定科学有效的施工方案。

二、水利水电工程施工项目管理中的问题分析

（一）制度不完善

水利水电工程施工中，施工质量会对国家的经济产生较为直接的影响，目前我国的水利水电工程已经取得了突出成就，但是实际的建设过程中，因为体制不完善等问题，会引发出一系列的问题。

（二）工作人员整体素质低

不管是水利水电工程，抑或是其他的工程建设，都需要其中的工作人员能够高效的完成本职工作，保证整体质量。但是水利水电工程施工中，工作人员的综合素养存在有明显的差异，一些工程为了能够在限定的时间里完工，没有加强对施工人员的管理，水利水电工程的整体质量受到了影响。为了减少成本的投入，很多项目单位都不愿意对施工人员进行培训。时代迅猛的发展，只有提升施工人员的整体素质，才能让其紧跟时代发展的步伐，高效地完成各项水利水电工程的建设。

（三）前期准备工作不到位

水利水电工程和其他工程建设较为一致，不管是在材料的选择上，抑或是整体工程的规划上，都需要满足工程的需要，符合实际情况。但是，一些施工单位为了缩减成本投入，获得更高的收益，在选择材料时，都尽可能的采购质量较低的材料，于整个工程质量而言也是极为不利的，整个工程都存在有隐患。另外，水利水电工程施工之前，还需要对周围的环境记性全面勘探，有可能会影响施工质量的因素要在第一时间排查，制定合理的施工方案，保障水利水电工程的顺利进行。

（四）生产存在一定隐患

一些分包商在进入到施工现场后，没有按照规程操作，存在有违章和违规的情况，存在有严重的安全隐患，过程中一旦发生了安全事故，会给业务和承包方带来巨大的经济损

失，也会造成不良的社会影响。

三、完善水利水电工程施工质量的措施

（一）健全施工管理制度

水利水电工程在施工过程中，牵涉到了很多的环节，为了能够更好地保证施工的质量，需要对相关环节进行有效管控，制定相应的规章制度，并严格的遵循，保证施工质量能够达到标准，有关工作人员需要对施工的各个环节进行管控，加强监管力度。

（二）加强人力监管

为了能够从根本上保证施工项目的有序开展，需要施工人员共同的努力。所以，水利水电工程在实际的施工中，需要尽可能地提升施工人员的整体素养，保证整个工程项目管理效率的提升。而且要在施工管理的过程中对人才管理加以优化，不管是施工人员抑或是管理人员，都要具备一定的综合素养。

（三）加强水利水电工程质量监管

水利水电工程在施工过程中，需要加强地方监管，从根本上保证施工各个环节的质量。但是因为水利水电工程涵盖了多个方面，所以牵涉到了很多的部门，会有很多的监管单位，为了能够保证监管效率的有效性和及时性，有关部门需要保证信息的实时共享，对自身的责任和义务加以明确，公平公正的开展各项监督工作，提升水利工程的整体质量。

（四）加大资金的投入

要深刻地认识到基层水利技术人员本身缺乏丰富的专业知识，更多的是关注功能性的需要。对此，有关部门需要加以重视，要加强人力资源的开发，有计划地对人才进行选拔，更好地满足岗位和市场的基本需求；已经在职在岗的员工，要鼓励其学习，不断地提升自己，促进其更好的发展。同时，在资金的使用这块，一定要加强监管，票据的审核以及资金的拨付等一定要建立起科学的管控机制，减少作假、少干多报的情况。构建科学的资金数据库管理系统，要及时地跟进资金动态和使用情况，确保所有的资金实现专款专用。

（五）提升安全意识

按照工程量清单进行招标时，作为竞标单位，需要联系实际情况进行调整，不能随意地投标，亦不能随意地降低价格。在施工过程中，要对施工人员加大宣传力度，提升安全意识，在施工过程中懂得如何更好地保护自己保障施工的安全。

水利水电工程是大规模的工程项目，施工过程中会耗费大量的资金，对施工人员的技术也提出了更多的要求。所以，施工中，需要联系企业的具体情况对人员进行培训，严格的按照规定，将责任落实到人，确保他们能够在实际的施工中能够严格的按照规定开展工

作，保证水利水电工程的质量能够符合要求。

第五节　项目管理的水利施工项目作用

一、加强项目管理在水利施工项目中应用的必要性

总的来说，水利工程是实现水资源科学调配的基础性设施，它具有工期长、规模大、施工过程烦琐复杂的特点，要想有效控制施工成本并全面确保施工质量，关键点在于做好项目管理工作，注重秉持好“实事求是、与时俱进、开拓创新”的原则理念。项目管理的特点是业主委派项目经理并授权其领导权，并能熟练掌握和运用各种管理技术，CM服务公司可以提供进度控制、材料、劳动力、质量及投资并进行项目财务和跟踪系统服务，它集中体现了建设、经营和转让的全过程，不仅能规范施工程序，提高对施工过程中的质量与技术控制效果，还有利于为企业的长远发展及项目管理自身理论建设的完善创造条件。

二、项目管理的水利施工项目作用

（一）有利于水利工程施工企业的专业化管理

企业管理制度的完善是水利工程中项目管理应用的前提，它确保企业在管理过程中能权责明晰，而项目管理制度也能及时反馈施工中存在产权划分不明确等问题，同时企业能依据施工过程中人与事之间的关系对施工中的人事结构灵活调整，并依据施工管理中的动态信息推动企业内部各类资源的优化配置。另外，它还有利于水利工程施工管理制度的完善，不仅可以在招投标工作中明确自身优势与劣势，还能在原材料设备采购过程中加强监督管理，严格控制采购人员权限来提高施工管理效果，同时注重在施工验收环节，依据国家工程质量标准做出验收评价，进而创造出可观的综合经济效益。

（二）有利于水利工程施工模式的转变

项目管理推动了水利工程施工过程中承包制度的完善，可以在有效控制成本的基础上保证施工质量的高效化与完善化，还能全面维护施工方的权益，通过招投标的模式将项目委托给具备施工资质的企业，它还完善了施工现场的管理制度，顺利推动了施工责任制的落实。此外，它还有利于水利工程项目管理经理的培养，不仅能利用施工现场的良好条件展开培训，提高项目经理对工作流程的直观认识，还能为项目管理人才的培养提供空间，从而在施工管理中筛选出具备专业知识的复合型人才。

三、水利工程项目管理的重点

（一）加强技术管理

一是可以进一步提升技术管理手段和方法，强调引进国外先进的技术管理手段，倡导在汲取经验和教训的基础上通过改革和创新的方式健全技术管理手段，确保水利施工项目在提高效率的同时缩减资金成本的损耗；二是必须要逐步健全和完善技术管理制度，强化技术管理在工程管理中的成效，全面确保技术管理作用的充分发挥；三是提高对水利工程管理中技术管理的重视程度，有针对性的根据项目建设的实际需求进行技术的合理选择和有效执行，还要灵活恰当的调整技术方案，做好方方面面的技术管理工作。

（二）重视人员管理

水利施工的项目管理注重加强对广大职工的培训，灵活将短期培训和长期培训结合起来，在强化理论教育的同时也兼顾实践训练，还要充分调动起广大职工的内在主观能动性与积极创造性，因为人员管理是水利工程管理不可或缺的部分，这是牵涉管理质量和水平的关键，因此要贯彻好安全生产观念，做到全面深入并采用逐步推进的方法切实提高人员素质。再者，可以定期组织以提高广大职工技术能力为主题的工作总结交流活动，建立起科学完善的安全生产组织制度和责任制度，同时采用分级管理的办法来提高工作人员的责任意识和安全意识。

四、当前我国水利施工项目管理中存在的问题

首先，在水利施工项目管理中，经常存在违背项目建设程序、盲目抢工而忽视质量的状况，还有些工程出现了边勘察、边设计、边施工的“三边”工程，使得工程造价不断提高；其次，施工企业缺乏独立的主体地位与自主活动的客观环境，否认水利工程建设产品是商品，使得企业不能按项目组织施工，更不能根据自身的经营需要选择施工项目；再者，许多从事项目管理的工作人员自身并不具备丰厚的专业理论知识与实践操作经验，经常对待工作玩忽职守且不够认真负责，不利于推动水利施工的顺利运营。

五、发挥项目管理在水利施工项目作用的有效对策

（一）加强水利工程项目的资金管理工作

随着当前我国水利工程项目建设的逐步开展，应该采取科学合理的措施来应对挪用专款的不良现象发生，务必要确保项目资金的到位，更应依据签订合同的要求准时发放施工单位的工资，因为经常会出现重大隐蔽工程、设计变更等情况，因此施工企业应及时向检查、审计与财政部门报备。再者，还应为水利工程财务档案的建立健全提供人员支持，所

有的财务支出明细都要一目了然，还要在水利工程项目施工过程中严格贯彻落实各项审批制度，从各个方面加强资金开支管理工作的规范性和制度性，强制性要求任何不经过审批通过的资金都不能使用。

（二）抓好施工进度管理与安全管理

一方面，加强水利工程对进度的管理不仅有利于提高工程效益，还能降低工程成本，因此施工人员在施工过程中要严格按照工程规划施工，确保在工程规定期限内完成自己的工作，还要注重在工程施工前对工程项目进行整体规划，充分保证工程各个环节都能有效运行。另一方面，安全管理是水利工程施工管理的重点，安全生产也必须要渗透到工程项目建设的各个环节，应加强对水利水电工程项目建设的安全监督，还要加大对安全生产的宣传力度，让广大员工深刻认识到安全事故会对自身以及整个工程造成严重危害，从而将安全意识落实到自身的行动中。

六、项目管理在水利施工中的未来发展方向

一是项目管理强调将竞争机制引入到工程建设领域并实行招标投标，在科学组织施工的同时讲求综合经济效益，同时实行全过程总承包方式和项目管理；二是建立现代水利施工企业制度，确立企业法人财产权，使产权主体社会化、多元化，使资产所有者和资产经营者分离；三是形成激励和约束相结合的经营机制，这有利于资源优化配置和动态组合的项目管理机制，最优化的实现生产力标准的要求；四是明确项目经理的权力范围，充分发挥项目经理的主观能动性，对水利工程进行科学有效管理并明确责、权、利的关系。

水利工程作为国民日常生活及切身利益联系紧密的基础性工程，其中的重中之重就是充分发挥出项目管理在水利施工项目中的作用，强调在项目活动中由专业人员运用专业的技能、知识、工具和方法，在有限的资源条件下对项目进行科学合理规划控制的管理过程，它在推动我国项目工程建设方面的作用是不可忽视的，因此需要不断改革创新与优化升级项目管理模式，进而促进我国水利工程项目的发展进步。

第六节　水利工程项目合同管理

合同是调节和维系项目法人、勘察设计、监理、施工等参建各方权利义务关系的纽带，合同履行过程，就是工程项目实施过程，合同管理工作因而尤为重要，是工程项目管理的核心。本节结合水利工程项目合同管理经历，以项目法人的角度，从合同的订立、履行等方面进行初步的探讨，以期为水利工程项目管理领域提供有价值的参考。

一、合同订立的依据与特征

（一）依据

随着我国社会主义市场经济的不断发展，市场体系日趋健全，市场运作模式越来越规范，我国在工程市场领域全面推行项目法人制、招标投标制、建设监理制和合同管理制，并先后颁布了《中华人民共和国合同法》《中华人民共和国招标投标法》等一系列法律及相配套的行政法规，从合同订立到履行都有了明确规定。随着这些法律、行政法规的施行，为加强水利工程市场的工程项目管理，确保水利工程项目管理在公平、公正的基础上健康有序地进行，水利部多次修改《水利水电土建工程施工合同条件》，主要分为通用合同条款和专用合同条款，通用条款是根据法律、行政法规规定及工程实施的需要订立，通用于工程实施的条款；专用条款则是发包人与承包人根据法律、行政法规规定，结合具体工程实际，经协商达成一致意见的条款，是对通用条款的具体化、补充或修改，两者应对照阅读，一旦出现矛盾或不一致，应以专用合同条款为准，通用条款中未补充和修改的部分仍有效。显然，以上这些法律、行政法规为进一步完善工程项目管理体制，提高合同管理的规范化水平，切实保障参建各方的合法权益提供了重要的依据，确保了合同管理的合法、规范、有序，规范了水利工程市场秩序，保证了水利工程质量、安全、进度、投资等目标的达成，构建了经济效益与社会效益双赢的水利工程市场格局。

（二）特征

合同双方是承发包关系，合同具有法律效力，其订立是依法的订立，其履行则是全面的履行，具有如下基本特征：①承包人必须是经国家主管部门审查、核定、批准并具有法人地位的资质单位和经采购（含招标）确定的中标人；②合同的订立和履行，有严格的水利投资计划和法定的基建程序；③合同的主体对所订立的合同负责，并具有连带的权利义务关系；④合同一旦依法订立，受法律保护，并具有严肃性、严密性和强制性。

二、合同履行的基础与意识

（一）基础

在水利工程项目实施过程中，项目法人与勘察设计、监理、施工等参建单位是合同关系，可以通过合同管理，约束各参建方行为，从而精工合作，共同致力于安全、质量、进度、投资等目标的达成。而与国土、规划、交通、环保等行政主管部门以及上级主管部门则无合同关系，彼此则是通过审批、监督等方式，同样约束各参建方行为，从而精工合作，共同致力于安全、质量、进度、投资等目标的达成。

（二）意识

合同订立后，从合同分类编号，到依据合同条款，健全组织机构、明确责任界限、规范工作程序、建立管理制度，每个合同履行的环节都需要工程项目参建各方形成履约意识，约束行为，从而精工合作，共同致力于安全、质量、进度、投资等目标的达成。通过教育培训，熟悉现有合同管理的法律、行政法规和相配套的工作程序、管理制度，以及各相关行政主管部门审批、监督有关工作流程，促使工程项目参建各方提高履约意识，充分认识到合同管理的重要性，共同恪守合同规则，进而理性处理合同履行过程中出现的各类争议问题，精工合作，共同致力于安全、质量、进度、投资等目标的达成。

三、合同履行的环节

（一）合同分类编号

由于水利工程项目规模大、工期长，涵盖专业杂，协调环节多，加之，国内招标多采用分标（平行发包）方式，同一工程项目涉及合同类别众多，对合同进行分类编号因而显得尤为必要和重要，便于合同管理者更加准确地掌握合同的依据、特征以及订立、生效条件，能够有效地节约合同管理时间，使得合同管理更具针对性和高效性。合同分类编号应包含合同名称英文缩写、合同承办部门代码、合同类型代码、合同订立年份、合同序号等关键词，简明易用，便于合同管理者高效开展工作，降低管理成本，便于归档和可追溯。

（二）健全组织机构

为明确合同管理责任，落实合同管理任务，需要建立以“归口部门统筹、项目部门执行”为特征的合同管理组织机构。无论是归口部门还是项目部门，都应设置专职合同管理人员，具体负责合同管理的日常性工作，并要求专职合同管理人员不仅要有较为丰富的工程管理经验，还要有较全面的法律、行政法规等相关知识及较强的政策解读能力。此外，项目法人单位还可以委托专业法律咨询机构对合同依法订立、全面履行等情况进行咨询，以弥补因合同管理组织机构的领导及专职合同管理人员因法律、行政法规等相关知识匮乏及政策解读能力不足引起的合同管理漏洞，避免和减少合同争议，确保合同订立、履行的公平、公正，维护合同各方的合法权益。

（三）明确责任界限

工程项目管理以合同管理为核心，还包括质量、安全、进度、投资等管理要素，各管理要素之间既相对独立，又密切相关。明确合同责任界限，既能避免出现管理死角和盲区，又能避免管理交叉和冗余，做到管理责任分解到人，任务落实到岗，确保工程项目的安全、质量、进度、投资等目标的达成，因而是一项非常重要的管理环节。

（四）规范工作程序

合同管理包含合同的依法订立、履行监督、款项支付、争议处理、资料归档等诸多环节。各环节均有不同的依据范本、执行内容和操作要求，而且环环相扣，相辅相成，点面结合。由此可见，只有制定合法合理的工程程序，并加以控制，方能保证合同管理的合法、准确、全面，确保合同的全面履行。

（五）建立管理制度

现有的《中华人民共和国合同法》《水利水电土建工程施工合同条件》等法律、行政法规以及相配套的工作程序、管理制度是合同管理的依据。其中管理制度，是工程项目管理者结合工程项目实际，对照合同管理工作程序，有的放矢地制定的具体管理标准，能够确保合同依法订立、全面履行，各项工作程序规范到位，各项管理责任落实到人。

四、合同履行的控制

合同管理包含诸多环节，并贯穿于工程项目实施的全过程，因此，合同管理必须树立过程控制理念，应抓好各环节的过程控制措施。

（一）依法订立

以施工合同为例，合同订立包括编制、会审、签订等三个阶段。合同编制应依据或参考已有的《水利水电土建工程施工合同条件》等合同条件，重点应对照通用条款，结合工程项目实际，讨论确定专用条款，确保合同履行切合实际；合同会审要尊重协调各方意见，确保合同得以全面履行；合同签订则需要在以上环节的基础上，秉持认真、严肃、谨慎的态度，严格执行签订程序，确保合同内容无错漏、无争议并便于履行。

（二）履行监督

以施工合同为例，履行监督包括施工准备、施工、竣工等三个阶段。施工准备阶段，应重点把关承包人的施工方案的人（单位资质、人员资格及项目部构成）机（机械投入）料（材料供应）法（施工方法、安全文明措施）环（通水、通电、通路、场地平整、临建搭设等）的承诺和落实情况，并严禁转包，严审分包，与此同时，严格落实项目法人责任制、建设监理制，建立健全管理机构和合理配置专业人员，协调勘察设计、监理、施工等参建单位做好施工放线、工地提供、占地征（租）用、施工许可、进场安排等施工准备工作；施工阶段，应在以上基础上，落实工程验收制，对照合同专用条款及补充条款、招标文件、施工图、工程量清单、技术规范及相关会议纪要，验收各实施项目的质量和成效，确保合同的全面履行，并切实做好安全文明施工以及工程保护、保险等的落实监督，为不可预见的变更、违约、索赔等合同争议提供见证；竣工阶段，则应重点把好资料关和生产准备关，确保所实施的工程达成安全、质量、进度、投资等目标，并如期发挥工程效用，确保合同的全面履行和合同各方的合法权益。

（三）款项支付

以施工合同为例，款项支付包括预付款支付、进度款支付和尾款支付。预付款支付，需要承包人提供预付款保函，起到进一步监督承包人资质、信用的作用，为合同全面履行奠定基础；进度款支付，受要约与承诺有否差异影响，没有差异，如期支付，有差异，则要按照合同解释程序，并核对施工方案与施工条件，如实计量支付，确保合同双方合法利益，进而保证合同全面履行；尾款支付，则应基于验收与结算情况，尾款额度的多少，能够如实反映合同全面履行的成效以及可控程度。

（四）争议处理

以施工合同为例，争议主要是因为合同的订立、履行以及变更、解除、终止等而引起的，《水利水电土建工程施工合同条件》中，对合同争议处理方式有明确的规定，包括协商、调解、仲裁、诉讼等。对合同双方因认识性差异引起的争议，一般通过协商、调解等方式即可解决，但对于合同双方因利益性差异引起的争议，有时需动用仲裁、诉讼等方式方可解决。可见，准确约定合同专用条款中的合同组成解释顺序，适用标准（规范），承发包（含分包）责权力，质量、安全、文明施工，工程量确认，合同款支付，工程保护，工程保险和担保，质量缺陷保修，不可抗力等内容和要求，以及明确约定工期及延误，工程变更，违约与索赔，争议处理，合同生效、终止和解除等方式方法，对如何在合同争议处理中赢得先机起到了非常基础和重要的作用。

（五）资料归档

以施工合同为例，《水利水电土建工程施工合同条件》中，对合同文件组成有明确的约定，并约定了其解释顺序，实际上明确了各合同组成文件的重要程度，对合同资料归档提供了决策依据；《水利工程建设项目档案管理规定》中，则结合水利工程项目特点需求的具体归档规定，对合同资料归档提供了规范依据。归档具有可追溯特性，为合同争议处理以及后续的竣工决算等提供基础依据，因而是一项不可忽视而又极为重要的过程控制措施。

（1）合同是联系水利工程项目各参建方的桥梁，管理的好坏，直接关系工程项目参建各方责任和管理体制的落实效果，是工程项目管理的核心。

（2）合同订立有依据与特征，合同履行需要以合同关系为基础和树立履约意识，需要完善履行程序，强化全过程控制措施。

（3）合同管理作为工程项目管理核心，既是过程管理，也是系统管理，需要树立全程控制、全面协调、全员参与的管理理念，为工程项目管理切实提供基础支撑作用。

第七节　水利基本建设项目资金的使用与管理

自2011年中央一号文件出台，特别是习总书记提出“节水优先、空间均衡、系统治理、两手发力”治水思路后，国家加大了对水利基本建设的投入，给水利基建项目资金使用和管理带来了挑战和压力。文中根据水利基本建设项目投资特点，以及多年的稽查经验，归纳分析当前水利基本建设项目资金管理存在的问题，并提出对策建议。

一、当前水利基本建设项目投资特点

自2011年中央一号文件出台，特别是习总书记提出“节水优先、空间均衡、系统治理、两手发力”治水思路后，国家加大了对水利基本建设的投入，水利基本建设投资呈现如下特点：

（1）投资力度大。“十二五”期间水利建设投资约2万亿，“十三五”水利投资规模超过2.43万亿，仅2018年水利建设投资就达6 872.7亿元，接近“十一五”期间水利基本建设投资7 000亿元。

（2）投资渠道多。包括中央预算内基本建设投资、中央财政补助资金投资、地方投资、地方投劳折资投资以及引入社会资本投资等。

（3）投资覆盖广。包括新建续建大中型灌区续建配套节水改造工程、重大引调水工程、重点水源工程、江河湖泊治理骨干工程等重大水利项目及灾后水利薄弱环节建设项目，等等。

（4）单项工程投资体量大。2014年5月21日国务院确定2014—2015年，以及“十三五”期间，规划建设172项重大水利工程。

（5）征地移民投资占重大水利工程概算总投资比例较大。

（6）项目投资建设周期长，水利工程涵盖建设项目项目建议书、可行性研究报告、初步设计、施工准备（包括招标设计）、建设实施、生产准备、竣工验收和后评价8个阶段。

二、存在的主要问题

（一）投资多元化及建管模式多样性对水利基建资金管理的影响

（1）PPP项目核算主体变化带来的资金监管风险。水利基建项目由单一的政府投资转变为政府主导的社会多元化投资，引起水利基建项目的财务核主体的变化。

（2）工程总承包（EPC）、项目管理承包（PMC）对会计核算产生影响。建设领域正推行建管模式，如住建部第1535号公告大力推行工程总承包，与此同时，项目管理承包（PMC）也在较多项目中实施，项目管理承包单位利用其资质、人才和经验，有利于水利基建项目提高建管水平，减轻了项目单位会计核算工作，但项目管理承包单位实质上替代了项目建设单位的核算主体位置，这与《政府会计制度》一套账核算显然相背。

（二）各部门之间制度不衔接、制度修订滞后，影响水利项目资金使用与管理

（1）《政府会计制度》颁布实施，要求水利基本建设项目纳入行政事业单位部门预算一个账套核算，由于水利基本建设投资审批与部门预算审批机构不一致，资金下达时间不一致，造成并账核算困难。

（2）部分制度修订滞后，影响执行效果。水利部 SL19-2014《水利基本建设项目竣工财务决算编制规程》规定了水利基建项目报表编制内容及方法等，共 8 张报表，财政部《基本建设项目竣工财务决算管理暂行办法》（财建［2016］503 号）新增了《资金情况明细表》《待摊投资明细表》《交付使用资产明细表》，取消了《投资分析表》《项目成本表》《未完工程投资及预留费用表》。但《政府会计制度》实行后，上述报表编制依据都发生了重大变化，失去了编制基础。

（3）部门规章缺乏一致性，造成水利基本建设项目资金使用分歧。

（三）会计基础工作方面

（1）会计机构和人员配备不合理。有的大中型项目没有配备专职会计人员，或虽配备了专职人员，但不能满足项目核算的要求。

（2）不注重内控制度建设和风险防控。项目建设单位风险防控意识不强，不重视建立内控制度，制订的内控制度没有时效性、针对性、全面性和操作性，如某建设单位费用报销规定仅经办人和项目负责人签字，工程价款结算没有现场管理人员签审环节，项目资金管理存在风险；规定的业务招待费上限仍按建管费的 10% 的比例等。

（3）会计核算不规范。①科目使用错误和混乱，将机电设备、临时工程在建筑安装工程投资中核算；建筑安装工程投资按划分的标段核算等等；②核算不完整，如财政拨款收入以实际财政拨付资金核算，未核算“财政应返还额度”的资金，造成财务报表数据不完整。如某省崩岸工程账面按国库集中支付的 3 亿反映财政拨款收入，稽查时发现还有 2.3 亿元在财政国库指标上没有反映。

（四）资金筹集与使用方面

（1）地方配套资金不到位。地方配套资金不到位或到位率低，在中西部省份较为普遍，有的地方以银行贷款作为地方配套，利息却在项目中列支，增加了项目建设成本。

（2）未按项目实际需求筹集使用建设资金。财务人员没有进行项目资金需求分析，造成资金效益低下，建设成本增加。

（3）挪用项目建设资金。在财政困难的地区容易产生挪用专项资金行为。

（4）工程价款结算不规范，虚报完成工程套取资金。表现在工程进度款未据实结算、工程变更后未按新的单价结算等。如某灌区项目渠道衬砌伸缩缝材料为闭孔泡沫板，但其结算按设计及招标的沥青杉板，由此施工单位多结算工程款85万元；某灌区节水改造项目已办理了完工验收和完工结算，但该项目存在将未实施的道路工程及渠道衬砌投资177万元在完工结算中列支，虚报套取资金。

（5）虚列投资或违规存放建设资金。为上报工程完成进度，将财政资金从国库直接预拨给施工单位或临时账户，造成完成投资假象。

（6）列支不合理建设成本，挤占中央资金。

如某电站增效扩容改造，项目建设单位将用于更换主要机电设备的中央资金300万元用于了厂房维修。

（7）土地征用与移民补偿资金使用不规范。主要表现在未设专户专账、未成立专门的移民机构、征地补偿超概算、赔付依据不足等。

（五）竣工财务决算和绩效评价方面

（1）竣工财务决算不及时。2017国家审计署审计18个省的水利项目，反映一个重要问题就是竣工验收不及时，而竣工验收不及时的原因之一是竣工财务决算不及时。

（2）竣工财务决算编制不符合要求。一是没有进行合同、资产及往来款项清理，导致编制不全面：如某水土保持项目编制的竣工财务决算，仅以实际申请拨付使用的财政资金作为到位资金，未按已下达到同级财政国库的项目资金作为到资金；二是不具备竣工财务决算条件而编制的，未完工程过大（远远超过概算规定的3%~5%）；三是待摊投资摊销混乱，对于哪些该直接计入、哪些该分摊计入并在哪几个单项工程中分摊不清楚，等等。

（3）竣工财务决算编制责任主体不清。如有的PPP项目、PMC项目管理模式、代建制模式下的项目在合同中未明确由谁进行竣工财务决算编制，导致会计决算责任主体不明确、会计档案等资料管理混乱。

（4）水利项目绩效评价开展不够。2018年9月，中共中央、国务院印发《关于全面实施预算绩效管理的意见》，明确“全方位、全过程、全覆盖”开展绩效评价工作，而作为中央财政水利发展资金的项目，财政部在2017年即已有具体的绩效管理办法，但在近两年项目稽查情况看，许多水利建设项目没有进行绩效评价，有的虽然开展了绩效评价工作，但缺乏成果利用价值。

三、水利基本建设项目资金使用与管理对策

（一）协调部门规章，建立水利项目联动协调机制和咨询专家队伍

财政部、发改委及有关部门尽快修改调整与现行实际不相符的规章制度，切实提高规章制度的系统性和协调性，明确并科学测算水利基本建设项目概算中建设管理费的编制依

据，确保项目单位合法合规使用资金，同时针对是否需要进行工程造价审计或是否以审计结论作为结算依据也要进一步澄清并规范，为工程竣工财务审计提供法规依据。

建立地方发改、国土、环保、财政、审计与水利部门的水利项目协调联动机制，推动项目立项、审批、实施、审计等各阶段的顺利进行，为项目的及时竣工验收创造条件；项目主管部门要成立包括财务、工程造价、审计等方面的咨询专家队伍，挂牌指导辖区内的项目建设单位项目实施，对基层水利建设项目任务重、管理力量明显不足的薄弱项目建设单位，更要加强对工程变更价款结算、竣工财务决算编制、审计、绩效评价、资产交付等资金管理的重要环节的督导，确保项目资金使用规范安全。

（二）尽快出台相应的配套制度，细化水利基建项目资金管理

（1）鉴于《政府会计制度》以“在建工程”及其明细科目反映并核算水利基建项目投资，其《财务报表》和《预算会计报表》未能对水利基本建设投资项目单独反映，其“会计报表重要项目的说明”中仅以“在建工程”统计表反映，为准确核算并反映水利基建项目投资，行政事业单位对水利基建项目核算在执行《政府会计制度》的同时，还应在原有《国有建设单位会计制度》的框架内，设辅助账对项目单独核算、决算以及绩效评价，其结果在单位报表附注中说明，以满足财政、水利等部门对水利基建投资管理需要。

（2）水利部要尽快组织专家修订《水利基本建设项目竣工财务决算编制规程》，确保与《政府会计制度》的同步更新、同步实施，指导水利基建项目开展。

（3）研究制定水利基建工程总承包（EPC）、项目管理承包（PMC）、代建制相协调的水利基建项目建设管理办法，确保项目核算规范和资金管理安全。

（三）多渠道筹措资金，解决项目资金缺口，提高资金使用效率

（1）地方政府要积极落实地方配套资金，为水利项目顺利实施提供强大支撑。地方在规划申报项目时，要结合预算评审、项目审批等开展事前绩效评估，科学规划，综合地方财力量力而行，不要盲目跟风，一哄而上，对确需实施的项目要保证资金投入。

（2）在不影响中央对地方投资额度的基础上，中央对地方水利项目要精准投入，不搞“一刀切”，不搞面面俱到的分散投资，要因地因项目确定投资比例和额度，各省水行政主管部门在分解项目资金计划时，更要深入调查，防止出现“半拉子”工程。

（3）加强对地方整合资金的关注，要结合地方年度项目总投资、资金下达总额进行分析，防止地方政府未按整合资金规定违规使用项目资金。

（4）项目建设单位要做好项目资金需求测算，既要防止资金长时间“趴窝”，又不要影响项目支付“断档”，要合理控制筹资规模和成本，提高资金使用效率。同时在地方政府债务风险可控前提下，项目建设单位要用足水利贷款优惠政策（利用国家开发银行、中国农业发展银行、中国农业银行等支持水利基建项目的低息贷款政策）。

（四）加强会计基础工作和绩效评价工作，努力提高资金管理水平

（1）项目建设单位要健全会计机构，配备合适的会计人员，建立健全项目资金管理制度和内部控制制度，从制度上规范项目资金管理行为。

（2）加强会计人员队伍建设，提高会计人员业务素质，要通过会计继续教育、业务培训、会计人员自学等多种形式，不断提高会计专业水平，自觉增强使命感和责任感，为水利基建资金管理提供强有力的服务支撑。

（3）项目建设单位要在项目开工时即组建竣工财务决算编制小组，明确分工，做好项目竣工财务决算经常性的工作，为项目竣工财务决算及时、顺利编制创造条件。

（4）项目建设单位要高度重视绩效评价工作，强化绩效目标管理，组建项目绩效考评专班，明确专班人员职责，认真开展项目绩效评价，创新评价方法，努力实现项目绩效自评全覆盖。从源头上防控资金使用低效无效，对绩效目标未达到或目标制定明显不合理的，要做出说明并提出改进措施，不断提高评价质量，防止资金闲置沉淀浪费。

（五）加大政策法规宣贯力度，建立严格问责与处罚的资金监管机制，确保资金使用安全合规

（1）各级财政、水利主管部门要加大水利资金使用与管理财经政策法规的宣贯力度，组织项目法人开展相关政策法规培训，水行政主管部门要加大对项目立项审批、招标、合同签订与执行等重要环节的事前监督，从管理源头上防止腐败和滥用资金现象发生。

（2）按水利部“水利工程补短板，水利建设强监管”的总基调，水利部、流域机构、各省水行政主管部门要扎实开展水利基建项目稽查，实现水利项目稽查全覆盖，确保项目建设资金拨付规范，使用安全，降低资金违规使用风险。

（3）坚持问题导向，制定水利基建资金使用与管理问题清单，强化问题整改和问责处罚力度，对稽查发现的问题要通过约谈、通报批评、行政及经济处罚等措施，形成不敢违规、不能违规、不想违纪的资金监管机制，从而达到资金使用规范与安全的目的。

第八节　水利工程建设项目档案管理

一、基本要求

水利工程建设项目档案是指在前期工作、建设管理、施工、监理、竣工验收到试运行等全过程形成的，具有保存和利用价值的文字、图表、声像、电子文件等不同形式和载体的历史记录。项目法人及参建单位应加强领导，明确档案部门或人员及岗位职责，建立档案工作制度，统筹安排档案工作经费，确保档案工作的正常开展。

大中型水利工程应设立档案室，落实专职档案人员，配备符合规范要求的档案库房、装具和设备。其他工程项目也应配备满足档案工作需要的人员、装具和设备。所需经费可分别列入工程总概算的管理房屋建设工程项目类和生产准备费中。

二、同步管理

工程档案工作应贯穿于工程建设程序的各个阶段。按照项目所属关系，在工程建设前期就应进行文件材料的收集和整理；在签订有关合同、协议时，应对归档文件材料的收集、整理、质量、审核和移交提出明确要求；检查工程进度与施工质量时，要同时检查档案的收集、整理质量和管理情况；在进行成果评审、鉴定及工程项目重要阶段验收与竣工验收时，要同时审查、验收工程档案的内容与质量，并作出相应的鉴定评语。

三、职责

各建设管理部门应积极配合档案业务主管部门，认真履行监督、检查和指导职责：

（1）项目法人对工程档案工作负总责。要在认真做好监管档案收集、整理与保管的同时，加强对各参建单位归档工作的监督、检查和指导，并负责开发档案信息资源，提高档案管理水平。

（2）勘察设计、监理、施工等参建单位，要切实做好职责范围内工程档案的收集、整理、归档和保管；属于向项目法人移交的档案，由监理审核合格后及时移交。

四、整编、归档、移交

工程档案的归档工作，由产生文件材料的单位或部门负责。各参建单位负责人对其提供的档案内容与质量负责；监理工程师对施工单位提交的归档材料履行审核签字手续，监理单位应向项目法人提交对工程档案内容与整编质量情况的专题审核报告。工程档案的归档一般应在工程竣工验收后三个月内完成。

工程档案质量应符合国家《科学技术档案案卷构成的一般要求》，所有归档文件材料的内容与形式均应满足档案整理规范要求。即内容应完整、准确、系统；形式应字迹清楚、图样清晰、图表整洁、标注内容清楚、签字手续完备。

工程档案的移交必须编制档案目录（含案卷和卷内目录），填写工程档案交接单。交接双方应认真核对目录与实物，并经监理审核后由经手人签字、加盖单位公章确认。

五、归档范围与保管期限

工程档案的归档范围应按照有关规定执行，项目法人可结合工程项目实际情况制定具体的档案分类方案，印发给各参建单位，并报主管单位档案部门备案。工程档案的保管期限分为：永久、30 年和 10 年三种，应按归档要求分别组卷。

六、档案验收

任意性是语言符号的根本属性，索绪尔将它奉为语言学的第一原则，其重要性可想而知，但我们发现，很多学者却在著述中将任意性表述成了“符号和它所代表的事物之间的关系”。这是一个值得深思的现象，因为把所指等同于事物，不仅有悖于索绪尔的符号定义和任意性原则，实质上又回到了索氏所批评的命名论。换句话说，把所指和外部事物混为一谈，就彻底推翻了索绪尔语言学。那么，这一现象究竟是什么原因造成的？学界迄今为止没有人进行深入探讨。本节不揣浅陋，拟梳理前人的解释和争论，弄清问题的实质，以追问人们把所指等同于事物的原因为切入点，对索绪尔的语言符号观进行深入探讨。

项目法人组织的工程项目阶段验收、专项验收，应由主管单位档案部门人员作为验收委员参加。结合海委实际，大中型水利工程项目且投资在三千万元及以上的，在竣工验收前要进行档案专项验收，其他工程项目与工程竣工验收同步进行，按照竣工验收主持单位有关程序进行。档案验收意见，作为工程验收鉴定书的附件，其主要内容应反映到工程竣工验收鉴定书中。

水利工程在进行档案专项验收前，项目法人应组织档案部门及参建单位对工程档案的收集、整理、保管与归档情况进行自检，确认工程档案的内容与质量达到要求后，可向验收主持单位报送档案自检报告和监理审核报告，并提出档案专项验收申请。

档案验收要注意以下几个方面：

（1）档案验收要听取项目法人有关工程建设情况和档案收集、整理、归档、移交、管理与保管情况的自检报告；

（2）档案验收要听取监理单位对工程档案整理情况的审核报告，对验收前已进行档案检查评定的应听取被委托单位的检查评定意见；

（3）要查看现场，并根据工程规模，抽查各单位档案整理情况；

（4）档案专项验收意见应包括工程概况、工程档案管理情况，如工程档案工作管理体制与管理状况，文件材料的收集、整理、立卷质量与数量，竣工图的编制质量与整编情况等。

第九节　水利项目管理现代化及其评价指标体系

南水北调水利工程在统一调度全国水利资源、解决华北地区水资源不足、促进社会主义现代建设中发挥着至关重要的作用。实现水利项目管理的现代化是保证这一工程顺利实施的关键和保障。从长远来讲，实现水利项目管理的现代化不仅仅是顺利实现南水北调这一水利工程的需要，更是客服自然条件和严峻水资源分布不均的迫切需要；水利项目管理的现代化涉及管理制度、机制、手段等诸多方面的内容，是一项系统的工程，也是当前水利建设中必须要面对的现实性课题。

一、水利项目管理现代化的含义分析

尽管理论界并没有对水利项目管理现代化给出一个统一的定义，但是通过水利项目管理现代化的实践过程，不难发现水利项目管理现代化是一个不断发展的、随社会历史不断演进的特定过程，同一定社会历史时期经济社会水平对水利项目提出的现实性要求相一致;是满足社会经济现代化和水利现代化的客观需要，通过现代化的管理制度、管理理念、管理手段和管理人才实现。

二、水利项目管理现代化评价指标体系的构建

首先，水利项目管理现代化评价指标体系构建的基本原则。

水利项目管理最根本的原则就是要能够准确和客观地反映出一个区域或是一定历史阶段水利项目管理的水平。

方便起见，我们可以将水利项目现代化管理评价指标体系分为定性和定量评价两个类别，这两个大的类别基础上又分为一级、二级两个层级指标；具体如下：

（1）定性评价。定性评价的一级层面指标分为：水利工程管理体制合理性与先进性水平、水利工程运行管理制度规范化程度、水利工程管理手段自动化信息化水平。其中在管理体制合理性与先进性这一级指标下的二级指标分为水管单位分类定性准确合理性、管养分离方案先进性及落实程度等；在水利工程运行管理制度规范化程度这一级指标下的二级指标分为安全监测工作制度完备和执行程度、维修养护制度完备和执行程度、调度运用方案和操作制度完备和执行程度等；在水利工程管理手段自动化信息化水平这一级指标下的二级指标分为水利工程控制运用决策、支持系统开发与应用水平等。

（2）定量评价。定量评价的一级层面指标分为：水利项目设施完及功能达标程度、水利项目的工程生态环境保护水平、人力资源结构性合理状况等。其中在水利工程设施完好状况以及功能达标程度这一级指标下的二级指标又可以分为工程设施完好率、观测设施完好率、工程设计能力达标率等；水利项目的工程生态环境保护水平下的二级指标分为水土流失治理率、水域功能区水质达标率、生态与环境用水保证率等；人力资源结构性合理状况下的二级指标具体可以分为在岗人员业务技术素质及学历水平等。

三、水利项目管理现代化评价指标体系中的定性评价和定量评价实施税务步骤和具体方法

首先，对于定性评价中评价步骤和评价方法可以通过下面的表述来呈现：

一般情况下，我们将定性平均分为五个档次：优秀、良好、中等、合格、不及格。

（1）确定评价指标的权重。

（2）对定量指标的目标水平进行确定。

（3）对定性评价中的二级指标进行评价。

（4）对定性评价中的一级指标进行评价。

（5）在对定性评价二级指标、一级指标评级基础之上对整个系统进行评价。

其次，对于定量评价的步骤和方法，可以通过下面的例子来说明：

四、以南水北调京石段某水利项目为例对水利项目现代化指标体系的实际应用

南水北调京石段应急供水水利项目位于河北省石家庄市境内，于2008年竣工。该水利项目工程等级为一级，总干道与建筑物主体为一级建筑物，项目的6座渠系建筑物均为公路桥，其中3座为20米跨预应力空心板桥，1座预应力工型组合梁桥，2座双曲拱桥。

根据应急供水水利项目的实际情况和项目管理现状，对其项目管理现代化的评价指标设计出一级、二级指标的相应权重，对照各指标体系内涵和计算办法，计算出急供水水利项目的综合现代化实现程度为：

定性评价中的一级评价指标：水利项目管理体制的合理性和先进性状况，所占比重为0.20，实现程度为87%；水利项目中的现代化运行管理制度状况所占权重为0.12，实现程度为91%；其水利项目管理手段的自动化信息化水平所占权重为0.12，实现程度为89%；

定量评价中的一级评价指标：水利项目的设施状况，所占权重为0.20，实现程度为100%；水利项目的生态宝华状况，所占比重为0.20，实现状况为97%；水利项目管理单位的经营状况以及发展潜力所占比重为0.08，实现程度为96%；水利项目的人力资源管理状况所占权重为0.08，实现程度为62%。

最终的综合评价结果为：实现程度为91%。根据水利项目现代化实现计算结果考核标准，该水利项目管理已经实现现代化。

水利项目管理现代化是水利工程管理永恒的话题，其指标评价体系也正处于规范化和科学化阶段；作为国民经济发展和社会主义现代化建设的重要组成部分，水利项目管理的现代化必将发挥出更大的作用。实施水利项目管理现代化，必须要充分认识我国在水利项目管理现代化过程中存在的问题和不足，根据不同历史阶段对水利项目管理的实际要求和自身发展水平，不断制定和运用最新的指标评价标准；借鉴世界发达国家在水利项目现代化管理过程的有效机制和研究成果实现我国水利工程管理制度、机制、手段、水平和人才方面的现代化，提高水利工程现代化的水平和质量。

第七章　水利工程建设项目管理

第一节　水利工程建设项目管理初探

随着我国建筑业管理体制改革的不断深化，以工程项目管理为核心的水利水电施工企业的经营管理体制，也发生了很大的变化。这就要求企业必须对施工项目进行规范的、科学的管理，特别是加强对工程质量、进度、成本、安全的管理控制。

一、水利工程建设项目的施工特性

我国实行项目经理资质认证制度以来，以工程项目管理为核心的生产经营管理体制，已在施工企业中基本形成。2001年，建设部等颁布了《建设工程项目管理规范》国家标准，对建设工程项目的规范化管理产生了深远影响。

水利工程的项目管理，还取决于水利工程施工的以下特性：

（1）水利工程施工经常是在河流上进行，受地形、地质、水文、气象等自然条件的影响很大。施工导流、围堰填筑和基坑排水是施工进度的主要影响因素。

（2）水利工程多处于交通不便的偏远山谷地区，远离后方基地，建筑材料的采购运输、机械设备的进出场费用高、价格波动大。

（3）水利工程量大，技术工种多，施工强度高，环境干扰严重，需要反复比较、论证和优选施工方案，才能保证施工质量。

（4）在水利工程施工过程中，石方爆破、隧洞开挖及水上、水下和高空作业多，必须十分重视施工安全。

由此可见，水利工程施工对项目管理提出了更高的要求。企业必须培养和选派高素质的项目经理，组建技术和管理实力强的项目部，优化施工方案，严格控制成本，才能顺利完成工程施工任务，实现项目管理的各项目标。

二、水利工程建设项目的管理内容

（一）质量管理

（1）人的因素。一个施工项目质量的好坏与人有着直接的关系，因为人是直接参与施工的组织者和操作者。施工项目中标后，施工企业要通过竞聘上岗来选择年富力强、施工经验丰富的项目经理，然后由项目经理根据工程特点、规模组建项目经理部，代表企业负责该工程项目的全面管理。项目经理是项目的最高组织者和领导者，是第一责任人。

（2）材料因素。材料质量直接影响到工程质量和建筑产品的寿命。因此，要根据施工承包合同、施工图纸和施工规范的要求，制定详细的材料采购计划，健全材料采购、使用制度。要选择信誉高、规模大、抗风险能力强的物资公司作为主要建筑材料的供应方，并与之签订物资采购合同，明确材料的规格、数量、价格和供货期限，明确双方的职责和处罚措施。材料进场后，应及时通知业主或监理对所有的进场材料进行必要的检查和试验，对不符合要求的材料或产品予以退货或降级使用，并做好材料进货台账记录。对入库产品应做出明显标识，标识牌应注明产品规格、型号、数量、产地、入库时间和拟用工程部位。对影响工程质量的主要材料（如钢筋、水泥等），要做好材质的跟踪调查记录，避免混入不合格的材料，以确保工程质量。

（3）机械因素。随着建筑施工技术的发展，建筑专业化、机械化水平越来越高，机械的种类、型号越来越多，因此，要根据工程的工艺特点和技术要求，合理配置、正确管理和使用机械设备，确保机械设备处于良好的状态。要实行持证上岗操作制度，建立机械设备的档案制度和台账记录，实行机械定期维修保养制度，提高设备运转的可靠性和安全性，降低消耗，提高机械使用效率，延长机械寿命，保证工程质量。

（4）技术措施。施工技术水平是企业实力的重要标志。采用先进的施工技术，对于加快施工进度、提高工程质量和降低工程造价都是有利的。因此，要认真研究工程项目的工艺特点和技术要求，仔细审查施工图纸，严格按照施工图纸编制施工技术方案。项目部技术人员要向各个施工班组和各个作业层进行技术交底，做到层层交底、层层了解、层层掌握。在工程施工中，还要大胆采用新工艺、新技术和新材料。

（5）环境因素。环境因素对工程质量的影响具有复杂和多变的特点。例如春季和夏季的暴雨、冬季的大雪和冰冻，都直接影响着工程的进度和质量，特别是对室外作业的大型土方、混凝土浇筑、基坑处理工程的影响更大。因此，项目部要注意与当地气象部门保持联系，及时收听、收看天气预报，收集有关的水文气象资料，了解当地多年来的汛情，采取有效的预防措施，以保证施工的顺利进行。

（二）进度管理

进度管理是指按照施工合同确定的项目开工、竣工日期和分部分项工程实际进度目标制订的施工进度计划，按计划目标控制工程施工进度。在实施过程中，项目部既要编制总进度计划，还要编制年度、季度、月、旬、周季度计划，并报监理批准。目前，工程进度计划一般是采用横道图或网络图来表示，并将其张贴在项目部的墙上。工程技术人员按照工程总进度计划，制定劳动力、材料、机械设备、资金使用计划，同时还要做好各工序的施工进度记录，编制施工进度统计表，并与总的进度计划进行比较，以平衡和优化进度计划，保证主体工程均衡进展，减少施工高峰的交叉，最优化地使用人力、物力、财力，提高综合效益和工程质量。若发现某道主体工程的工期滞后，应认真分析原因并采取一定的措施，如抢工、改进技术方案、提高机械化作业程度等来调整工程进度，以确保工程总进度。

（三）成本管理

施工项目成本控制是施工项目工作质量的综合反映。成本管理的好坏，直接关系到企业的经济效益。成本管理的直接表现为劳动效率、材料消耗、故障成本等，这些在相应的施工要素或其他的目标管理中均有所表现。成本管理是项目管理的焦点。项目经理部在成本管理方面，应从施工准备阶段开始，以控制成本、降低费用为重点，认真研究施工组织设计，优化施工方案，通过技术经济比较，选择技术上可行、经济上合理的施工方案。同时根据成本目标编制成本计划，并分解落实到各成本控制单元，降低固定成本，减小或消灭非生产性损失，提高生产效率。从费用构成的方面考虑，首先要降低材料费用，因为材料费用是建筑产品费用的最大组成部分，一般占到总费用的60% ~ 70%，加强材料管理是项目取得经济效益的重要途径之一。

（四）安全管理

安全生产是企业管理的一项基本原则，与企业的信誉和效益紧密相连。因此，要成立安全生产领导小组，由项目经理任组长、专职安全员任副组长，并明确各职能部门安全生产责任人，层层签订安全生产责任状，制定安全生产奖罚制度，由项目部专职安全员定期或不定期地对各生产小组进行检查、考核，其结果在项目部张榜公布。同时要加强职工的安全教育，提高职工的安全意识和自我保护意识。

三、水利工程建设项目管理的注意事项

（一）提高施工管理人员的业务素质和管理水平

施工管理工作具有专业交叉渗透、覆盖面宽的特点，项目经理和施工现场的主要管理人员应做到一专多能，不仅要有一定的理论知识和专业技术水平，还要有比较广博的知识面和比较丰富的工程实践经验，更需要具备法律、经济、工程建设管理和行政管理的知识和经验。

（二）牢固树立服务意识，协调处理各方关系

项目经理必须清醒地认识到，工程施工也属于服务行业，自己的一切行为都要控制在合同规定的范围内，要正确地处理与项目法人（业主）、监理公司、设计单位及当地质检站的关系，以便在施工过程中顺利地开展工作，互相支持、互相监督，维护各方的合法权益。

（三）严格执行合同

按照“以法律为准绳，以合同为核心”的原则，运用合同手段，规范施工程序，明确当事人各方的责任、权利、义务，调解纠纷，保证工程施工项目的圆满完成。

（四）严把质量关

既要按设计文件执行施工合同，又要根据专业知识和现场施工经验，对设计文件中的不合理之处提出意见，以供设计单位进行设计修改。拟订阶段进度计划并在实施中检查监督，做到以工程质量求施工进度，以工程进度求投资效益。依据批准的概算投资文件及施工详图，对工程总投资进行分解，对各阶段的施工方案、材料设备、资金使用及结算等提出意见，努力节约投资。

（五）加强自身品德修养，调动积极因素

现场施工管理人员特别是项目经理，必须忠于职守，认真负责，爱岗敬业，吃苦耐劳，廉洁奉公，并维护应有的权益。通过推行“目标管理，绩效考核”，调动一切积极因素，充分发挥每个项目参与者的作用，做到人人参与管理、个个分享管理带来的实惠，才能保证工程质量和进度。

水利工程建设项目管理是一项复杂的工作，项目经理除了要加强工程施工管理及有关知识的学习外，还要加强自身修养，严格按规定办事，善于协调各方面的关系，保证各项措施真正得到落实。在市场经济不断发展的今天，施工单位只有不断提高管理水平，增强自身实力，提高服务质量，才能不断拓展市场，在竞争中立于不败之地。因此，建设一支技术全面、精通管理、运作规范的专业化施工队伍，既是时代的要求，更是一种责任。

第二节　水利工程建设项目管理方法

水利工程管理是保证水利工程正常运行关键环节，这不仅需要每个水利职工从意识上重视水利工程管理工作，更要促进水利工程管理水平的提高。本节对水利工程管理方法进行探讨研究。

一、明确水利工程的重大意义

水利工程是保障经济增长，社会稳定发展，国家食物安全度稳定提高的重要途径。使我们能够有效地遏制生态环境急剧恶化的局面，实现人口、资源、环境与经济、社会的可持续利用与协调发展的重要保障。特别是水利工程的管理涉及社会安全、经济安全、食物安全、生态与环境安全等方面，在思想上务必要予以足够的重视。

二、水利工程建设项目存在的问题

（一）管理执行力度不够

我国的水利工程建设项目管理普遍存在执行力度不够，不能很好地按照法律规定进行规范的管理工作，在实际工程项目管理中，项目管理人员对施工现场控制力不足，导致产生各种各样工程问题，没有相对应的管理人员对机械设备进行操作管理，导致工作人员对机械设备操作不当，产生失误，造成资源损失，缺乏对机械设备维护管理，在材料采购过程中监管力度不足，使得一些不合格材料进入施工工程，存在偷工减料现象，造成水利工程出现质量问题，对工程质量控制不力。

（二）管理体制不完善

水利工程建设项目管理体制不完善，在各方面管理制度建立不健全，例如在招标过程中，不能严格遵守公平原则进行招标，存在暗箱操作现象，导致一些优秀施工企业不能公平中标，影响了施工工程市场管理体系，施工现场安全设施建立不完整，工作人员安全得不到保障，管理体制落后，管理人员对有关的工程工作人员监督不力，对工作人员的管理方式传统，相关的管理制度得不到有效执行，降低了施工效率。缺乏有力的制度保障，对法律法规不重视，存在违法违规行为，需要政府机构参与协调管理，但相关部门没有完整的管理体制，不能清晰地明确各部门管理职责，各部门工作之间的关联程度较高，相互混杂，无法协调管理工作的正常进行，不能合理有效进行项目管理。

三、提高水利工程建设项目管理的措施

（一）加强项目合同管理

水利工程项目规模大、投资多、建设期长，又涉及与设计、勘察和施工等多个单位依靠合同建立的合作关系，整个项目的顺利实施主要依靠合同的约束进行，因此水利工程项目合同管理是水利工程建设的重要环节，是工程项目管理的核心，其贯穿于项目管理的全过程。项目管理层应强化合同管理意识，重视合同管理，要从思想上对合同重要性有充分认识，强调按合同要求施工，而不单是按图施工。并在项目管理组织机构中建立合同管理

组织，使合同管理专业化。如在组织机构中设立合同管理工程师、合同管理员，并具体定义合同管理人员的地位、职能，明确合同管理的规章制度、工作流程，确立合同与质量、成本、工期等管理子系统的界面，将合同管理融于项目管理的全过程之中。

（二）加强质量、进度、成本的控制

（1）工程质量控制方面。一是建立全面质量管理机制，即全项目、全员、全过程参与质量管理；二是根据工程实际健全工程质量管理组织，如生产管理、机械管理、材料管理、试验管理、测量管理、质量监督管理等；三是各岗工作人员配备在数量和质量上要有保证，以满足工作需要；四是机械设备配备必须满足工程的进度要求和质量要求；五是建立健全质量管理制度。

（2）进度控制方面。进度控制是一个不断进行的动态过程，其总目标是确保既定工期目标的实现，或者在保证工程质量和不增加工程建设投资的前提下，适当缩短工期。项目部应根据编制的施工进度总计划、单位工程施工进度计划、分部分项工程进度计划，经常检查工程实际进度情况。若出现偏差，应共同与具体施工单位分析产生的原因及对总工期目标的影响，制定必要的整改措施，修订原进度计划，确保总工期目标的实现。

（3）成本控制方面。项目成本控制就是在项目成本的形成过程中，对生产经营所消耗的人力资源、物质资源和费用开支进行指导、监督、调节和限制，把各项生产费用控制在计划成本范围之内，保证成本目标的实现。项目成本的控制，不仅是专业成本人员的责任，也是项目管理人员，特别是项目部经理的责任。

（三）施工技术管理

水利水电工程施工技术水平是企业综合实力的重要体现，引进先进工程施工技术，能够有效提高工程项目的施工效率和质量，为施工项目节约建设成本，从而实现经济利益和社会利益的最大化。应重视新技术与专业人才，积极研究及引进先进技术，借鉴国内外先进经验，同时培养一批掌握新技术的专业队伍，为水利水电工程的高效、安全、可靠开展提供强有力保障。

近年来，水利工程建设大力发展，我国经济建设以可持续发展为理念进行社会基础建设，为了提高水利工程建设水平，对水利工程建设项目管理进行改进，加强项目管理力度，规范水利工程管理执行制度，完善工程管理体制，对水利工程质量进行严格管理，提高相关管理人才的储备、培训、引进，改进项目管理方式，优化传统工作人员管理模式，避免安全隐患的存在，保障水利工程质量安全，扩大水利工程建设规模，鼓励水利工程管理进行科学技术建设，推进我国水利工程的可持续发展。

第三节 水利工程建设项目管理系统的设计与开发

一、工程背景

2011年《中共中央国务院关于加快水利改革发展的决定》提出“大兴农田水利建设，加快中小河流治理和小型水库除险加固，抓紧解决工程性缺水问题，提高防汛抗旱应急能力，继续推进农村饮水安全建设”，这标志着我们国家的水利项目建设工作即将迈入新的发展阶段。众所周知，水利项目是一种意义独特的项目，它所需的资金较多，建设步骤烦琐，参与机构众多，质量规定严苛，监督工作无法顺利开展，容易出现腐败现象。对此，怎样提升项目监管力度，避免腐败问题出现，就成了项目建设监管部门必须认真对待的工作内容。

通过分析我们可知，对于上述问题的最佳处理办法就是切实按照法规条例分析问题。目前水利机构已经出台了很多规章，如“水利工程建设项目施工监理规程”（SL 288-2003）、“水利水电建设工程验收规程”（SL 223-2008）、“水利水电工程施工质量检验与评定表”（SL 176-2007）等。不过，因为项目的建设内容存在很多不同之处，依旧有很多问题存在，比如参建机构的水平较低，员工的素养不高，法规意识淡薄等，这就导致了很多规章过于形式化，未真正落到实处，没有发挥出它们的存在价值。

进入到21世纪之后，科技高速发展，电脑以及通信技术等高科技开始运用到水利工作之中，换句话讲水利工作开始进入到信息化时代。利用信息科技创新水利项目管理体系，实现全网办公，成为水利信息化的重要内容。对于项目管理信息体系的创建工作来讲，目前已有很多水利机构开展了此方面的试点，并且获取了显著成就。总的来讲，依托当前的技术规章，我们国家的水利单位正在不断完善自身的项目管理体系，使得项目管理工作更加公开，规范。该体系的存在为我们创造了一个相对公开公平的网络监控氛围，保证了项目建设工作能够切实依据规定开展，对于提升项目价值有着非常重要的作用。

二、需求分析

依据工作的差异，我们可以将系统用户划分为两类。第一类，项目参与方。项目建设工作的具体落实单位，具体来讲主要涵盖了项目业主以及设计了实施机构、后续的监理机构等，它们主要负责收录信息，审核流程等。第二类，项目监管方。项目建设管控工作的主管机构，具体涵盖水利厅主管部门、建设处、水库处、水土保持处、农村水利处、财务处、安全监督处、监察室等，它们主要负责批复流程、制定决策等。

依据项目执行过程的不同，可以将项目建设管理工作分成三个时期。第一，论证时期。

该时期的主要负责机构是项目业主方和其主管方，它们的工作内容主要有三个部分，分别是研究项目可行性、立项、下达项目。第二，建设时期。顾名思义，该时期主要和项目业主以及设计和施工、监理等机构有密切的关联，它们的工作内容主要是招投标、订立合约、审批报告、变更设计、安全管控等。第三，运维时期。该时期的用户主要有两方，分别是运维管控机构以及上层主管方，它们的工作内容有三个部分，分别是运维管控、平时维护以及质量督查。

三、系统设计

（一）建设目标

该系统成立之初的目的是依托现行的技术条例，借助遥感以及通信技术等先进科技，创建涵盖项目建设全阶段的项目建设管理平台，以此来确保管理工作更加有序，更加规范。它的存在明显提升了项目管理工作的公开性，为后续的项目监管工作等的开展提供了所需的信息。

（二）系统架构

水利工程建设项目管理系统采用以数据库为核心的 Client/Server 模式开发。其结构主要有三层。第一，数据层。项目建设以及管控时期的所有的信息资料，比如图片以及视频等，它们的存在是为了给业务活动提供所需的信息。第二，业务层。项目建设和管控时期的所有的业务活动，比如项目审批以及审报、设计变更以及验收等等的内容。第三，表现层。像是建设以及管控时期的所有的人机交互活动，比如，信息存储、网络报批以及查询。它主要是用来直接和使用人交互信息的，必须确保其能够便于使用人使用，符合使用人的喜好。

（三）功能设计

第一，基本信息管理：项目参建方的各种信息的全面记录，涵盖了如下内容，分别是项目立项审批、项目基本信息、参建各方基本情况等。第二，项目制度文件：项目建设管理阶段的各种制度资料，涵盖了如下内容，分别是项目安全管理文件、质量控制文件等。第三，业主建设文件：项目业主方在项目建设以及管理时期生成的各种资料，涵盖了如下内容，分别是前期文件、项目建设文件、项目验收文件、附件资料等。第四，招标投标管理：项目招标以及投标时期的所有资料，涵盖了如下内容，分别是资格预审信息、评标会议信息、中标单位备案信息等。第五，合同费用管理：项目建设管控阶段的合同资料，涵盖了如下内容，分别是合同签订审查会签表、合同基本信息表、工程款结算支付单、合同费用支付台账等。第六，监理建设文件：项目监理方在项目管理阶段生成的资料，包括监理设计文件、监理审核文件、监理批复文件等。第七，勘察设计管理：项目勘察设计方在项目建设阶段中生成的所有的资料，涵盖了如下内容，分别是勘测任务书、勘测资料单、设计图纸通知单等。第八，计划统计管理：项目建设以及管控时期生成的计划资料，涵盖了如下内容，分别是资金使用计划、施工总计划、施工年度计划等。第九，投资控制管理：项目建设和管理时期生成的各种验收计价资料，涵盖了如下内容，分别是综合概算清单、工程量清单、工程价款支付申请书等。第十，变更索赔管理：项目建设以及管控时期生成的变更索赔资料，涵盖了如下内容，分别是变更申请报告、变更项目价格申报表等。十一，施工任务管理：项目建设以及管控时期生成的完工资料，涵盖了如下内容，分别是工程分类管理、检验批划分标准等。十二，施工质量管理：项目建设和管控时期生成的所有的施工质量资料，涵盖了如下内容，分别是水土建筑物外观质量评定表、房屋建筑安装工程观感质量评定表等。十三，安全环境管理：项目建设以及管控时期生成的安全环境资料，涵盖了如下内容，分别是应急预案、安全培训记录、安全技术交底等。十四，施工现场管理：项目建设以及管控时期生成的现场的管理资料，涵盖了如下内容，分别是施工技术方案申报表、施工图用图计划报告等。十五，监理日常管理：项目建设以及管控时期的日常监理资料，涵盖了如下内容，分别是工程开工许可证、施工违规警告通知单等。十六，竣工资料管理：项目建设以及管控时期生成的所有完工资料，涵盖了如下内容，分别是验收应提供的资料目录、法人验收工作计划格式、法人验收申请报告格式等。

四、关键技术

（一）工作流

该系统主要依靠工作流来控制并且处理业务内容，以此来实现信息高度共享，确保信息传递速率更快，对于提升项目运作稳定性来讲意义非常重要。工作流管理联盟提出工作流管理系统体系结构的参考模型，给出过程定义工具、过程定义、活动、数据流、控制流、工作流等概念，并规范了功能组成部件和接口。本系统借鉴工作流管理系统体系结构，制定了水利工程建设项目管理系统的体系结构，由三项内容组成。第一，软件构件。主要负责实现特定功能。比如定义以及审核流程等。第二，系统控制数据。存储系统和其他系统进行逻辑处理、流程控制、规则、约束条件、状态、结果等数据。第三，其他。供工作流系统调用的外部应用和数据。

（二）开放式可扩展模型

该模型构建了一个面向水利工程建设管理业务处理的可扩展框架，并使用COM组件技术加以实现。它的最基础内容是各种信息支撑科技，像是数据传递等，而它的中间层是其最为重要功能的开展区域，像是业务管控以及数据库创设等。

五、系统的初步实现

水利工程建设项目管理系统选择 Windows XP Professional 操作系统支持下的 Microsoft Visual C#.NET 2005 和 SQL Server 2008 数据库进行软件代码编写。现如今已实现了系统设计功能。

近几年来，国家和地区主管机构非常重视水利项目发展，积极投入财政资金，在这种良好的发展背景之下，我们国家的水利项目建设管理体系正在逐步形成。经过长久的实践证明，该系统的存在，可以切实提升管理工作的公开性，确保项目保证质量保证效率的进行，为项目后续发展奠定了良好的基础。我们坚信在广大水利同行的共同努力之下，我们国家的水利事业一定会发展得更加辉煌，祖国的明天必定会更加灿烂。

第四节　水利工程建设项目管理模式

随着水利水电事业的发展，工程项目建设规模越来越大，结构更复杂，技术含量更高，对多专业的配合要求更迫切，传统的平行发包管理模式已经不能满足当前的工程建设需要。目前，在水利工程建设市场需求的推动下产生了多种项目管理模式。

一、平行发包管理模式

平行发包模式是水利工程建设在早期普遍实施的一种建设管理模式，是指业主将建设工程的设计、监理、施工等任务经过分解分别发包给若干个设计、监理、施工等单位，并分别与各方签订合同。

（一）优点

（1）有利于节省投资。一是与 PMC、PM 模式相比节省管理成本；二是根据工程实际情况，合理设定各标段拦标价。

（2）有利于统筹安排建设内容。根据项目每年的到位资金情况择优计划开工建设内容，避免因资金未按期到位影响整体工程进度，甚至造成工程停工、索赔等问题。

（3）有利于质量、安全的控制。传统的单价承包施工方式，承建单位以实际完成的工程量来获取利润，完成的工程量越多获取的利润就越大，承建单位为寻求利润一般不会主动优化设计减少建设内容；而严格按照施工图进行施工，质量、安全得以保证。

（4）锻炼干部队伍。建设单位全面负责建设管理各方面工作，在建设管理过程中，通过不断学习总结经验，能有效地提高水利技术人员的工程建设管理水平。

（二）缺点

（1）协调难度大。建设单位协调设计、监理单位以及多个施工单位、供货单位，协调跨度大，合同关系复杂，各参建单位利益导向不同、协调难度大、协调时间长，影响工程整体建设的进度。

（2）不利于投资控制。现场设计变更多，且具有不可预见性，工程超概算严重，投资控制困难。

（3）管理人员工作量大。管理人员需对工程现场的进度、质量、安全、投资等进行管理与控制，工作量大，需要具有管理经验的管理队伍，且综合素质要求高。

（4）建设单位责任风险高。项目法人责任制是“四制”管理中主要组成，建设单位直接承担工程招投标、进度、安全、质量、投资的把控和决策，责任风险高。

（三）应用效果

采用此管理模式的项目多处于建设周期长，不能按合同约定完成建设任务，有些项目甚至出现工期遥遥无期情况，项目建设投资易超出初设批复概算，投资控制难度大，已完成项目还面临建设管理人员安置难问题。比如德江长丰水库，总库容 1 105 万 m^3，总投资 2.89 亿元，共分为 14 个标段，2011 年年底开工，该工程现还未完工。

二、EPC 项目管理模式

EPC（Engineering-Procurement-Construction）即设计—采购—施工总承包，是指工程总承包企业按照合同约定，承担项目的设计、采购、施工、试运行服务等工作，并对承包工程的质量、安全、工期、造价全面负责。此种模式，一般以总价合同为基础，在国外，EPC 一般采用固定总价（非重大设计变更，不调整总价）。

（一）优点

（1）合同关系简单，组织协调工作量小。由单个承包商对项目的设计、采购、施工全面负责，简化了合同组织关系，有利于业主管理，在一定程度上减少了项目业主的管理与协调工作。

（2）设计与施工有机结合，有利于施工组织计划的执行。由于设计和施工（联合体）统筹安排，设计与施工有机地融合，能够较好地将工艺设计与设备采购及安装紧密结合起来，有利于项目综合效益的提升，在工程建设中发现问题能得到及时有效的解决，避免设计与施工不协调而影响工程进度。

（3）节约招标时间、减少招标费用。只需 1 次招标，选择监理单位和 EPC 总承包商，不需要对设计和施工分别招标，节约招标时间，减少招标费用。

（二）缺点

（1）由于设计变更因素，合同总价难以控制。由于初设阶段深度不够，实施中难免出现设计漏项引起设计变更等问题。当总承包单位盈利较低或盈利亏损时，总承包单位会采取重大设计变更的方式增加工程投资，而重大设计变更批复时间长，影响工程进度。

（2）业主对工程实施过程参与程度低，不能有效全过程控制。无法对总承包商进行全面跟踪管理，不利于质量、安全控制。合同为总价合同，施工总承包方为了加快施工进度，获取最大利益，往往容易忽视工程质量与安全。

（3）业主要协调分包单位之间的矛盾。在实施过程中，分包单位与总承包单位存利益分配纠纷，影响工程进度，项目业主在一定程度上需要协调分包单位与总承包单位的矛盾。

（三）应用效果

由于初设与施工图阶段不是一家设计单位，设计缺陷、重大设计变更难于控制，项目业主与 EPC 总承包单位在设计优化、设计变更方面存在较大分歧，且 EPC 总承包单位内部也存在设计与施工利益分配不均情况，工程建设期间施工进度、投资难控制，例如某水库项目业主与EPC总承包单位由于重大设计变更未达成一致意见，导致工程停工2年以上，在变更达成一致意见后项目业主投资增加上亿元。

三、PM 项目管理模式

PM 项目管理服务是指工程项目管理单位按照合同约定，在工程项目决策阶段，为业主编制可行性研究报告，进行可行性分析和项目策划；在工程项目实施阶段，为业主提供招标代理、设计管理、采购管理、施工管理和试运行（竣工验收）等服务，代表业主对工程项目进行质量、安全、进度、投资、合同、信息等管理和控制。工程项目管理单位按照合同约定承担相应的管理责任。PM模式的工作范围比较灵活，可以是全部项目管理的总和，也可以是某个专项的咨询服务。

目前铜仁实施的水利工程项目中，杀牛冲水利工程、碧江龙塘水库采用此种建设管理模式。

（一）优点

（1）提高项目管理水平。管理单位为专业的管理队伍，有利于更好地实现项目目标，提高投资效益。

（2）减轻协调工作量。管理单位对工程建设现场的管理和协调，业主单位主要协调外部环境，可减轻业主对工程现场的管理和协调工作量，有利于弥补项目业主人才不足的问题。

（3）有利于保障工程质量与安全。施工标由业主招标，避免造成施工标单价过低，有利于保证工程质量与安全。

（4）委托管理内容灵活。委托给 PM 单位的工作内容和范围也比较灵活，可以具体委托某一项工作，也可以是全过程、全方位的工作，业主可根据自身情况和项目特点有更多的选择。

（二）缺点

（1）职能职责不明确。项目管理单位职能职责不明确，与监理单位职能存在交叉问题，比如合同管理、信息管理等。

（2）体制机制不完善。目前没有指导项目管理模式的规范性文件，不能对其进行规范化管理，有待进一步完善。

（3）管理单位积极性不高。由于管理单位的管理费为工程建设管理费的一部分，金额较小，管理单位投入的人力资源较大，利润较低。

（4）增加管理经费。增加了项目管理单位，相应地增加了一笔管理费用。

（三）应用效果

采用此种管理模式只是简单的代项目业主服务，因为没有利益约束不能完全实现对项目参建单位的有效管理，且各参建单位同管理单位不存在合同关系，建设期间容易存在不服从管理或落实目标不到位现象，工程推进缓慢，投资控制难。

四、PMC 项目管理模式

项目管理总承包（Project Management Contractor，简称 PMC）指：项目业主以公开招标方式选择项目管理总承包（PMC）单位，将项目管理工作和项目建设实施工作以总价承包合同形式进行委托；再由 PMC 单位通过公开招标形式选择土建及设备等承包商，并与承包商签订合承包合同。

根据工程项目的不同规模、类型和业主要求，通常有 3 种 PMC 项目管理承包模式。

（一）业主采购，PMC 方签订合同并管理

业主与 PMC 承包商签订项目管理合同，业主通过指定或招标方式选择设计单位、施工承包商、供货商，但不签订合同，由 PMC 承包商与之分别签订设计、施工和供货等合同。基于此类型 PMC 管理模式在实施过程中存在问题较多，已被淘汰，目前极少有工程采用此种管理模式。

（二）业主采购并签合同 PMC 方管理

业主选择设计单位、施工承包商、供货商，并与之签订设计、施工和供货等合同，委托 PMC 承包商进行工程项目管理。此类型 PMC 管理模式，主要有 2 种具体表现形式。

1.PMC 管理单位为具有监理资质的项目管理单位

业主不再另行委托工程监理，让管理总承包单位内部根据自身条件及工程特点分清各自职能职责，管理单位更加侧重于利用自己专业的知识和丰富的管理经验对项目的整体进行有效的管理，使项目高效的运行；监理的侧重点在于提高工程质量与加快工程进度，而非对项目整体的管理能力，业主只负责监督、检查项目管理总承包单位是否履职履责。PMC 项目管理单位可以是监理与项目管理单位组成的联合体。

此种模式的优点是解决了目前 PMC 型项目管理模式实施过程中存在职能职责交叉的问题，责任明确。避免了由于交叉和矛盾的工作指令关系，影响项目管理机制的运行和项目目标的实现，提高了管理工作效率。最大缺点是工程缺少第三方监督，如出现矛盾没有第三方公正处理，现基本不采用该形式。

2.PMC 管理单位为具有勘察设计资质的项目管理单位

PMC 项目管理单位具有勘察设计资质，也可以是设计与项目管理单位组成联合体。

此种模式的优点：①可依托项目管理单位的技术力量、管理能力和丰富经验等优势，对工程质量、安全、进度、投资等形成有效的管理与控制，减轻业主对工程建设的管理与协调压力；②通过对设计单位协调，有效地解决 PMC 实施过程中存在的设计优化分成问题，增加了设计单位设计优化的积极性。业主将设计优化分成给管理总承包单位，然后由管理总承包单位内部自行分成。最大缺点是缺少第三方监督，如出现矛盾没有第三方公正处理，很多地方不太采用该形式。

（三）风险型项目管理总承包（PMC）

根据水利项目的建设特点，在国际通行的项目管理承包模式和国内近几年运用实践的基础上，首先提出了风险型项目管理总承包（PMC）的建设管理模式。该模式基于工程总承包建设模式，是对国际通行的项目管理承包（PMC）进行拓展和延伸，PMC 总承包单位按照合同约定对设计、施工、采购、试运行等进行全过程、全方位的项目管理和总价承包，一般不直接参与项目设计、施工、试运行等阶段的具体工作，对工程的质量、安全、进度、投资、合同、信息、档案等，全面控制、协调和管理，向业主负总责，并按规定选择有资质的专业承建单位来承担项目的具体建设工作。此类型 PMC 管理模式包括项目管理单位与设计单位不是同一家单位及项目管理单位与设计单位是同一家单位两种表现形式。

（四）优点

（1）有效提高项目管理水平。PMC 总承包单位通过招标方式选择，是具有专业从事项目建设管理的专门机构，拥有大批工程技术和项目管理经验的专业人才，充分发挥 PMC 总承包单位的管理、技术、人才优势，提升项目的专业化管理能力，同时促进参建单位施工和管理经验的积累，极大地提升整个项目的管理水平。

（2）建设目标得到有效落实。项目管理总承包（PMC）合同签订，工程质量、进度、投资予以明确，不得随意改动。业主重点监督合同的执行和PMC总承包单位的工作开展，PMC总承包单位做好项目管理工作并代业主管理勘测设计单位，按合同约定选择施工、安装、设备材料供应单位。在PMC总承包单位的统一协调下，参建单位的建设目标一致，设计、施工、采购得到深度融合，实现技术、人力、资金和管理资源高效组合和优化配置，工程质量、安全、进度、投资得到综合控制且真正落实。

（3）降低项目业主风险。项目建设期业主风险主要来自于设计方案的缺陷和变更、招标失误、合同缺陷、设备材料价格波动、施工索赔、资金短缺及政策变化等不确定因素。在严密的项目管理总承包（PMC）合同框架下，从合同上对业主的风险进行了重新分配，绝大部分发生转移，同时项目建设责任主体发生转移，更能激励PMC总承包单位重视工程质量、安全、进度、投资的控制，减少了整个项目的风险。

（4）减轻业主单位协调工作量。管理单位对工程建设现场的管理和协调，业主单位主要协调外部环境，可减轻业主对工程现场的管理和协调工作量，有利于弥补项目业主建设管理人才不足的问题。

（5）代业主管理设计。近几年，由于水利工程较多，设计单位往往供图不及时，设计与现场脱节等，对设计单位管理困难。PMC单位可对设计单位进行管理，如PMC与设计是同一家单位，对前期工作较了解，相当于从项目的前期到实施阶段的全过程管理，业主仅需对工程管理的关键问题进行决策。

（6）解决业主建设管理能力和人才不足。PMC总承包单位代替业主行使项目管理职责，是项目业主的延伸机构，可解决业主的管理能力和人才不足问题。业主决定项目的构思、目标、资金筹措和提供良好的外部施工环境，PMC总承包单位承担施工总体管理和目标控制，对设计、施工、采购、试运行进行全过程、全方位的项目管理，不直接参与项目设计、施工、试运行等阶段的具体工作。

（7）精简业主管理机构。项目建设业主往往要组建部门众多的管理机构，项目建成后如何安置管理机构人员也是较大的难题。采用项目管理总承包（PMC）后，PMC总承包单位会针对项目特点组建适合项目管理的机构来协助业主开展工作，业主仅需组建人数较少的管理机构对项目的关键问题进行决策和监督，从而精简了业主的管理机构。

该种模式由于管理单位进行二次招标，可节约一部分费用在作为风险保证金的同时可适当弥补管理经费不足，提高管理单位的积极性。

（五）缺点

整体来看，国家部委层面出台的PMC专门政策、意见及管理办法与EPC模式相比有较大差距。同时，与PMC模式相配套的标准合同范本需要进一步规范、完善。

（六）应用效果

铜仁大兴水利枢纽工程采用项目管理总价承包的建设管理模式，整个工程项目进度节点和里程碑全部提前完成，按合同要求提前1个月实现了2018年12月1日正式下闸蓄水；工程质量优良，优良率95.4%，坝体混凝土长度为20.15 m，在全国评比中获得了第6名的好成绩；大兴水利枢纽工程安全生产积极推行安全标准化管理，整个工程建设未发生一起责任安全事故，实现"零事故，零伤亡"。2018年3月项目管理总承包（PMC）为铜仁市水务投资有限责任公司（大兴水利枢纽工程）赢得了水利部"水利安全生产标准化一级单位"，成为铜仁市首个水利部认可的水利安全生产标准化一级单位；项目建设管理较好地解决了贵州省长期在水源工程建设中进度、质量安全、投资控制、工程验收四大问题。工程建设资金未出现超概算现象，通过设计优化、精细管理，整个工程建设为项目业主结余资金近1亿元；在信息化和档案管理上均实现突破；项目管理总承包模式通过在大兴水利枢纽工程的良好运用，证明了该模式的优势，参建各方均实现了共赢。

五、PPP+PMC 项目建设管理模式

PPP+PMC模式采取一次性公开招标或竞争性招标选择具备相应资质和能力的PPP社会投资人，同时以PPP投标人联合体方式选择具备相应资质和能力的PMC承包人实施工程项目建设。采用此模式有铜仁市玉屏县青山冲水库项目。

采用PPP管理模式涉及单位较多，融资各方利益目标不一致，协调参建各方不同的利益目标难度大，现场管理过程中由于涉及单位和个人较多，形成多头管理，工作效率低下，建议在项目建设中尽量不要采用此模式。

建管模式并无优劣之分，只有适合与否。不同工程项目或工程项目的某一部分建设内容实施过程中所适合的建管模式不尽相同，建设单位应针对工程各层面的特点选用适合的建设模式，力争将每一个水利工程打造成为精品工程、样板工程。

第五节 农业综合开发中水利工程建设项目的管理

农业是国民经济产业的基础支撑，搞好农产业发展对国家经济水平提升是很关键的。社会主义科学发展观指导下，各省区农业经济呈现了良好的发展趋势，这标志着中国农田种植产业的新局势。水利工程是农业种植活动的配套设施，必须注重农田水利建设的质量管理，才能更好地提升农业收益。新疆是我国占地面积最大的省区，对其固有农业土地资源开发利用，与水利工程形成相对协调的灌溉区域，这是现代农业工程发展的必然趋势。

一、新疆农业经济的概况

新疆维吾尔自治区（以下简称"新疆"），位于中国西北边陲，面积166万平方公里，约占中国国土总面积的六分之一，是中国陆地面积最大的省级行政区。借助特有的土地资

源优势，近年来新疆农业经济实现了“飞跃式”的发展，以种植业为主导的农产业收益持续增加。

2010—2012 年期间，新疆各种农产品的产量得到提升，这归功于种植业的快速发展，为地方农业种植户创造了经济收益。其中，粮食、棉花、甜菜、瓜果等主要农产品的产量呈现递增趋势，每年产出量对比去年具有明显的提升。此外，畜牧业中产出的肉类、牛奶、羊毛等，产量和质量均有明显的提升。这充分说明了农业对于新疆经济发展的重要意义，也间接地反映出新疆地区农业配套设施的完整性。

二、兴建水利对土地资源利用的指导性

新疆是我国占地面积最大的省区，但受到人口增长、经济发展等因素的影响，新疆这些年的土地资源利用出现了失调性。各种结构土地在使用比例分配上不均匀，降低了土地资源的可利用率，也影响了整个地区土地开发的规划进程。综合开发水利工程建设项目，本质上是对农特土地资源的开发利用，推动了农业生产面域的规范化发展，兴建水利工程对新疆土地资源利用具有多方面的指导意义。

（一）规划土地

近年来新疆土地规划方案中，选定的土地开发策略与地方实际情况不相符合，导致整个新疆土地资源利用结构方式失去了均衡状态。农业综合开发水利工程项目，能够有计划地开发新疆农业用地，并且按照预期的方案开辟出新种植区，逐步扩大了农田的种植范围，带动了种植户经济收益水平的增长，引导了农业用地的科学规划。

（二）合理使用

从新疆土地利用情况看，农村地区未经过详细的土地资源考核或勘察，导致原始土地资源失去了应用的利用价值。土地是人们参与社会实践活动的基本要素，无论是农业种植生产或灌区工程改造，都要在土地资源基础上才能实现一系列的方案。兴建水利工程项目，在固有土地资源基础上实现了合理应用，扩大了土地资源的利用率。

（三）提高收益

新疆在招商引资决策中，没有考虑土地资源的集中规划，许多企业分布的地理位置相对扩散，这给土地管理或资源使用造成极大的困难。例如，工业园区建立在优质土地资源区域，适合种植农作物的土地被用于建造企业厂房。兴建农业水利工程，扩大了农业用地的占有率，促进了农业用地方案的多样化发展，提高了农田种植收益。

三、水利工程建设项目管理的重点

农业是一个国家、地区经济产业的基础支撑，搞好农产业对地方经济发展具有显著的

推动作用。作为农业种植生产活动的配套设施，加快水利工程建设是不可缺少的。新疆地区认识到了农产品销售创造的巨大收益，并且开始逐渐增加农业基础设施的改造范围，兴建农田水利是新疆地区发展的首要任务。从大范围角度分析，农业水利建设管理的主体内容包括：

（一）修复管理

一些旧水利设施存在着病害问题，必须加快修复水毁灾毁水利工程，突出抓好防洪薄弱环节建设。通常要在农闲时间修复各类灌溉设施，确保明年春灌溉用水的正常供应；在明年汛前全面修复各类防洪设施，确保明年度汛安全。大力推进中小河流治理、病险水库水闸除险加固、山洪灾害防治等防洪薄弱环节建设，在新疆地区内全面实施抗旱规划，建设一批抗旱的农业水利工程。

（二）节能管理

水资源是农田灌区种植的必备条件，兴建水利工程应注重节水、节能管理，建立循环型的农业种植经济。加快灌区续建配套与节水改造，不断完善农田灌排体系。进一步增加大中型灌区续建配套与节水改造投入，做到完成一批、验收一批、销号一批。积极推进大中型灌溉排涝泵站更新改造，在有条件的地方新建一批灌区，加强重点涝区治理，不断提高农田灌排骨干工程的配套率和完好率。

（三）生态管理

加快水土保持生态建设，努力改善农村人居环境，为农业水利工程改造做好充分的准备。兴建水利工程期间，要对农业水利项目执行生态管理决策，维护原有的农村生态体系。对于新疆地区来说，应加大农业水利设施综合整治的力度，对农田水土资源进行科学的规划；推进生态清洁型小流域建设，抓好灌溉区节水改造的进程；加快农村水电增效扩容改造，大力开展农村水环境综合整治。

四、农业水利建设的保障机制

基于农业经济发展环境下，积极开发水利工程还需建立完善的保障机制，对农业水利施工流程进行全面性地管理。政府部门应发挥宏观调控作用，加快新疆农业水利设施的改造进程。笔者认为，完善农田水利建设的保障机制，应从管理体制、监督检查、技术指导等方面进行。

（一）完善管理体制

水利工程管理体制缺乏，不仅浪费了新疆固有的土地资源，也影响了新疆农业经济的可持续发展。要加强基层水利服务体系建设，大力扶持农民用水合作组织和抗旱服务队、防汛机动抢险队、灌溉试验站等专业服务组织建设，积极推进小型农田水利工程产权制度改革，全面落实农田灌排工程运行管理费用财政补助政策。

（二）抓好监督检查

新疆企业繁盛，现有丰富的土地资源及改造空间，这些都是地方农业经济快速发展的有利条件。要将农田水利建设与中央决策部署贯彻落实情况监督检查结合起来，充分发挥纪检、监察、审计、稽查等部门作用，采取专项督查、随机抽查、交叉检查等方式，确保农田水利建设的进度、质量和效益，确保工程安全、生产安全。

（三）加强技术指导

当前农业用地的使用效率偏低，被开发出来的土地资源失去了可利用价值。地方各级水利部门要主动当好地方党委政府参谋，科学制定冬春农田水利建设实施方案，深化细化实化进度安排和保障措施，组织动员广大水利技术人员，走进田间地头，深入水利一线，有针对性地提供技术培训、指导和服务。

总之，新疆是我国占有面积最大的地区，充分利用新疆固有土地资源发展农业是必然的决策。农业综合开发利用水利工程，通过土地资源改革以设定更多的农田设施，既发挥了农田资源的可利用价值，也使水利项目建设达到了预期的效果。

第六节　水利工程建设项目管理及管理体制的分析

水利工程管理体制属于生产关系范畴，各国因国情不同而异。我国为社会主义公有制国家，水利工程项目特别是水利水电等大中型工程项目的投资主体是政府和公有制企事业单位。因此，我国的水利工程项目建设管理体制不同于私有制国家。本节主要对水利工程建设项目管理体制进行了分析。

水利工程建设项目是最为常见也是最为典型的项目类型，是项目管理的重点。水利工程建设项目是指按照一个总体设计进行施工，由一个或几个相互有内在联系的单项工程组成，经济上实行统一核算、行政上实行统一管理的建设实体。

一、水利工程项目管理

（一）成功的水利工程项目

在水利工程项目实施过程中，人们的一切工作都是围绕着一个目的为了取得一个成功的项目而进行的。那么，怎样才算一个成功的项目呢？对不同的项目类型，在不同的时候，从不同的角度，就有不同的认识标准。通常一个成功的项目从总体上至少必须满足如下条件：

（1）满足预定的使用功能要求（包括功能、质量、工程规模等），达到预定的生产能力或使用效果，能经济、安全、高效率地运行，并提供较好的运行条件。

（2）在预算费用（成本或投资）范围内完成，尽可能地降低费用消耗，减少资金占用，保证项目的经济性要求。在预定的时间内完成项目的建设，及时地实现投资目的，达到预定的项目总目标和要求。能为使用者（顾客或用户）接受、认可，同时又照顾到社会各方面及各参加者的利益，使得各方面都感到满意。

（3）与环境协调，即项目能为它的上层系统所接受，包括：

a. 与自然环境的协调，没有破坏生态或恶化自然环境，具有好的审美效果。

b. 与人文环境的协调，没有破坏或恶化优良的文化氛围和风俗习惯。

c. 项目的建设和运行与社会环境有良好的接口，为法律所允许，或至少不能招致法律问题，有助于社会就业、社会经济发展。要取得完全符合上述每一个条件的项目几乎是不可能的，因为这些指标之间有许多矛盾。在一个具体的项目中常常需要确定它们的重要性（优先级），有的必须保证，有的尽可能照顾，有的又不能保证。

（二）水利工程项目取得成功的前提

要取得一个成功的水利工程项目，有许多前提条件，必须经过各方面努力。最重要的有如下三个方面：

（1）进行充分的战略研究，制定正确、科学、符合实际（即与项目环境和项目参加者能力相称）且有可行性的项目目标和计划。如果项目选择出错，就会犯方向性、原则性错误，给工程项目带来根本性的影响，造成无法挽回的损失。这是战略管理的任务。

（2）工程的技术设计科学、经济，符合要求。这里包括工程的生产工艺（如产品方案、设备方案等）和施工工艺的设计，选用先进、安全、经济、高效且符合生产和施工要求的技术方案。

（3）有力的、高质量、高水平的项目管理。项目管理者为战略管理、技术设计和工程实施提供各种管理服务，如提供项目的可行性论证、拟订计划、作实施控制。他将上层的战略目标和计划与具体的工程实施活动联系在一起，将项目的所有参加者的力量和工作融为一体，将工程实施的各项活动组织成一个有序的过程。

二、我国的工程建设项目管理体制存在的问题

我国的水利工程产品不作为商品，对建设项目的管理一直采用产品计划经济管理体制。水利水电工程项目的建设，采用的是自营制方式。在这种管理体制下，设计单位、施工单位、运行管理单位均隶属于水利水电行政主管部门，如各级水利水电勘测设计院、水利水电工程局等，它们与主管部门是上下级行政关系。它们的生产活动都是由上级主管部门直接安排，采用不善于利用经济的方式和手段；它着重于工程的实现，却忽视了这种实现要在预定的投资、进度、质量目标系统内予以实现；它努力去完成进度目标，而往往不顾投资的多少和对质量目标会造成多大的冲击。由于这种传统的工程项目管理体制自身的先天

不足，使得我国水利工程建设的水平和投资效益长期得不到提高，在投资与效益之间存在较大差距。投资、进度、质量目标失控的现象，在许多工程中存在。而且，随着工程项目规模的日趋庞大，技术越来越复杂，目标失控的趋势也愈加明显，大有愈演愈烈之势，已成为“老大难”问题。

三、当前我国建设项目管理体制的具体措施

改革开放以来，我国在基本建设领域里进行了一系列的改革，从以前在工程设计和施工中采用行政分配、缺乏活力的计划管理方式，而改变为由项目法人（业主）为主体的工程招标发包体系，以设计、施工和材料设备供应为主体的投标承包体系，以及以社会监理单位为主体的技术咨询服务体系的三元主体，且三者之间以经济为纽带，以合同为依据，相互监督，相互制约，构成工程建设项目管理体制的新模式，逐步形成并正在继续完善具有我国特色的建设项目管理体制。通过推行项目法人责任制、招标承包制、建设监理制等改革举措，即以国家宏观监督调控为指导，项目法人责任制为核心，招标投标制和建设监理制为服务体系，构筑了当前我国建设项目管理体制的基本格局。工程建设监理制度在西方国家已有较长的发展历史，并日趋成熟与完善。

（一）项目法人责任制

在我国建立项目法人责任制，就是按照市场经济的原则，转换项目建设与经营机制，改善项目管理，提高投资效益，从而在投资建设领域建立有效的微观运行机制的一项重要改革措施。其核心内容是明确由项目法人承担投资风险，不但负责建设而且负责建成以后的生产经营和归还贷款本息，由项目法人对项目的策划、资金筹措、建设实施、生产经营、债务偿还和资产的保值增值，实行全过程负责。

实行项目法人责任制，一是明确了由项目法人承担投资风险，因而强化了项目法人及投资方和经营方的自我约束机制，对控制工程投资、工程质量和建设进度起到了积极的作用。二是项目法人不但负责建设而且负责建成以后的经营和还款，对项目的建设与投产后的生产经营实行一条龙管理，全面负责。这样可把建设的责任和生产经营的责任密切结合起来，从而较好地克服了基建管花钱、生产管还款，建设与生产经营相互脱节的弊端。三是可以促进招标投标工作、建设监理工作等其他基本建设管理制度的健康发展，提高投资效益。

（二）招标投标制

在计划经济体制时代，我国建设项目管理体制是按投资计划采用行政手段分配建设任务，形成工程建设各方一起“吃大锅饭”的局面。建设单位不能自主选择设计、施工和材料设备供应单位，设计、施工和设备材料供应单位靠行政手段获取建设任务，从而严重影响我国建筑业的发展和建设投资的经济效益。招标投标制是市场经济体制下建筑市场买卖

双方的一种主要竞争性交易方式。我国推行工程建设招标投标制，是为了适应社会主义市场经济的需要，促使建筑市场各主体之间进行公平交易、平等竞争，以提高我国水利水电工程项目建设的管理水平，促进我国水利水电建设事业的发展。

（三）建设监理制

工程建设监理制度在西方国家已有较长的发展历史，并日趋成熟与完善。随着国际工程承包业的发展，国际咨询工程师联合会制定的《土木工程施工合同条件》等已为国际工程承包市场普遍认可和广泛采用。该合同条件在总结国际土木工程建设经验的基础上，科学地将工程技术、管理、经济、法律结合起来，突出监理工程师负责制，详细地规定了项目法人、监理工程师和承包商三方的权利、义务和责任，对建设监理的规范化和国际化起了重要的作用。无疑，充分研究国际通行的做法，并结合我国的实际情况加以利用，建立我国的建设监理制度，是当前发展我国建设事业的需要，也是我国建筑行业与国际市场接轨的需要。

第八章　水利工程建设项目管理创新

第一节　小型农田水利工程建设项目管理模式的探索

为贯彻落实党的十七届三中全会精神和中央关于扩大内需、促进经济平稳较快增长决策部署，围绕促进粮食增产增收，进一步加快小型农田水利建设，财政部、水利部决定，在继续做好小型农田水利专项工程建设的同时，从2009年起，在全国范围内选择一批县市区，实行重点扶持政策，通过集中资金投入，全面开展小型农田水利重点县建设。通过竞争立项，泰兴市被列为全省第一批19个重点县之一。此前2005——2007年泰兴市也实施了小型农田水利“民办公助”项目工作。

笔者直接参与了我市小型农田水利“民办公助”项目和重点县项目的建设管理工作，结合工作实践，通过对几期项目实施不同模式进行分析比较，对小型农田水利项目的建设管理工作谈点粗浅的认识。

一、项目实施情况

（一）“民办公助”项目

泰兴市自2005年开始实施“民办公助”项目，对县以上的财政资金在使用上实行先建后补的政策，即：以项目所在村为实施主体，采取先建后补的方式实施。市财政、水务部门根据上级批复文件精神，对照各项目区工程建设内容联合下发了补助资金分配的文件，同时逐村宣传讲解工程实施的具体要求和资金使用管理办法。

项目下达后，首先由村召开村民代表会议，进行公示，宣传本次项目实施的由来、内容、意义、管理办法等，征得群众的支持和参与，然后根据工程建设内容编制切实可行的实施方案，组织施工图设计和预算编制，编制的预算由各村委托所在乡镇审计所进行审核后，再次进行公示，并报市水务局、财政局审核后由村组织议标，各乡镇水利站负责工程施工的监理工作，市水务局、财政局对项目的进展情况进行指导、监督。

工程完工后，作为项目实施主体的所在村整理好工程决算资料、财务报表、项目实施总结、管护合同等，报请市财政、水务部门组织验收，验收合格后发放补助经费。

（二）重点县项目

按照《江苏省小型农田水利重点县建设管理办法》的要求，重点县项目实行项目法人责任制、招标投标制、建设监理制、合同管理制。为此，我们成立了泰兴市2009年重点县项目建设工程处作为项目法人，委托了泰兴市海信工程咨询监理有限公司（专业招标代理）作为招标代理组织招标，于2010年1月4日在泰州建设工程信息网发布了本工程建设项目招标公告。第1次公开招标截止规定的时间结束时，共有2家施工单位（分别为：江苏华海建设工程有限公司、江苏国润水利建设有限公司）和2家监理单位（分别为：泰兴市工程建设监理有限公司、扬州市建兴工程建设监理有限公司）报名参加投标，报名投标的监理单位及施工单位均不足3家，不符合规定数量，于是招标代理机构在2010年1月12日第二次发布了本工程建设项目招标公告。在规定的截止时间结束时，参加施工的投标单位仍为原来的2家，监理单位增加为4家（分别为：泰兴市工程建设监理有限公司、扬州市建兴工程建设监理有限公司、靖江市马洲建设工程监理有限公司、南京工大建设监理咨询有限公司），报名投标的监理单位已符合规定数量，于2月8日开标，最后由泰兴市工程建设监理有限公司中标。但施工单位仍不足3家。按照江苏省建设厅苏建招（2003）205号《省建设厅关于明确当前招投标监督管理若干问题的通知》文件第六条严格公开招标转为直接发包的管理的规定要求，本工程建设施工招标已由招标代理机构将招标情况以书面形式报告泰兴市建设工程招投标办公室，经招投标办审批后，由公开招标转入直接发包阶段。2月2日，在市招标办、公证处监督见证下，我们采用竞价谈判的方式确定了各标段施工单位和招标价格。经过公示、招标办确认等程序后，我们和施工单位、监理单位签订了相关合同，并立即组织施工单位进场施工。

原定合同工期为4月30日，但因连续的阴雨天气和繁多的地方矛盾，致使工期延误，最快的一个标段在6月24日才完成并通过市级自验，其余标段已在7月底通过市级自验。

二、两种实施模式比较

（1）实施主体方面。重点县项目实施主体是县级水行政主管部门成立的项目法人，民办公助项目实施主体为村组村民委员会。

（2）资金管理方法。重点县实现资金由施工单位向项目法人提出拨款申请，项目法人向县级财政报账；民办公助则由村组集体先行垫资，建成后报市验收，合格后由市财政给予补助。

（3）承建单位的选择。重点县项目通过公开招投标确定施工单位、监理单位；民办公助则通过村组织议标，由水利站负责监督施工单位施工质量。

三、两种模式的分析

（一）重点县项目

在2009年重点县项目中，我们严格地按照招投标的各种程序来实施，然而参与投标的单位不多，积极性不高，皆因小型农田水利项目工期紧，项目涉及范围比较大，单个工程规模小，数量多，分布散，施工环境复杂，材料进场难，需要协调解决的地方矛盾纠纷多等原因，有资质的施工单位大多不愿意投标，本次项目发布公告两次，历时半月有余，仍然流标，最后只能通过直接发包的方式确定实施单位。从开始发布公告，到最后确定施工单位，前后历时一月有余，才完成所有招标环节，顺利签订承包合同。这种做法的优点：建设程序规范，工程建设管理严格有效，工程质量得到保证。但有两个问题：（1）费用问题。以2009年的重点县项目为例：一是当地招标办收取的费用，根据标的价格和标段数收取，4个标段共缴约0.9万元；二是招标代理费，约10万元；三是图纸审核、标底预算的编制费用，约1.4万元；四是公证费，约1.4万元，四部分的费用合计近14万元；（2）农村矛盾难协调。在重点县项目实施时，市水务局成立了重点县项目建设工程处作为实施主体，施工单位在村组田间施工时经常要遇到矛盾，无法正常施工，只有请项目建设工程处帮忙协调解决，为此，项目建设工程处的工作人员不得不到乡镇、村组去做协调工作，耗费了大量的人力物力。而所谓的矛盾纠纷，一般都是田间琐事，但若处理不及时，却会对工程进度造成很大影响。

（二）“民办公助”项目

泰兴市在2005 ~ 2007年实施了三年的“民办公助”项目，其中2006年、2007年采用的是先建后补的方式。以项目所在村（组）为实施主体，对实施方案所确定的建设内容进行公示，按照水务部门提供的设计图纸组织施工，采用的是议标，只要是具有实施小型农田水利施工能力的单位，都可以参加报价竞标，最后由村民委员会集体讨论确定中标单位。水利站对工程质量进行监理，市水务、财政局作为主管部门全程进行指导和监督，在项目结束后组织验收并给予补助。这种模式有以下两个优势：（1）“农民筹资投劳”政策得以推进落实，交由所在村组直接实施，广大农民参与项目建设的积极性能够被充分调动起来，变“被动筹集”为“主动筹集”，村组在推动农民“一事一议”实施的力度更大，效果更好；（2）矛盾纠纷少。在2007—2008年“民办公助”项目实施时，没有一例上交到市主管部门要求帮助协调解决的矛盾，项目进展很顺利。究其原因，因建设主体是村组集体，所涉及的矛盾在村组内部即可协调解决。这一模式存在的问题是：农民变成了建设主体的成员，做法有时会不够规范，不熟悉有关政策和业务，甚至会让无资质施工单位参与施工，管理风险增大。

四、几点认识

总结我市小型农田水利项目“民办公助”“重点县建设”实施两种模式的实践，对今后重点县项目的建设管理笔者建议：

在加强监管、条件成熟的前提下，项目管理可以借鉴“先建后补”的模式来推进重点县建设。以项目所在乡镇人民政府为实施主体，严格按照批复的实施方案所确定的工程规模、数量、位置及市水务局提供的设计图纸进行施工，工程质量由县（市）水务局通过招标确定的监理单位进行全程控制，县（市）水务、财政局作为业务主管部门对实施情况进行督促和指导，工程竣工经水务、财政联合验收合格后将工程资金拨付到乡镇。

建议上级部门针对小型农田水利工程涉及范围比较大，单个工程规模小，数量多，分布散，施工环境复杂，材料进场难，需要协调解决的地方矛盾纠纷多，而且施工工期紧的特殊情况，研究制定更能适合小型农田水利建设项目管理的有关政策、法规。

第二节　水利工程建设项目管理绩效考核

1995 年 4 月，水利部出台了《水利工程建设项目管理暂行规定》，对加强行业管理，使水利工程建设项目管理逐步走上法制化、规范化的道路，起到了积极的推动作用。下面对项目生命周期内，水利项目管理工作的开展具体能够达到什么样的水平，如何检查效果，加以阐述。

一、工程项目管理的目标及其关系

建设项目管理是指在建设项目生命周期内所进行的计划、组织、协调和控制等管理活动，目的是在一定的约束条件下最优地实现项目建设的预定目标，其核心任务是控制建设项目目标，最终实现项目的功能，以满足使用者的需求。项目管理一般归结为三大目标：

a. 投资目标。每个建设项目所需总投资是通过预测确定的。由于水利项目需要一个较长的建设周期，在建设过程中情况可能不断发生变化，控制预定的投资额是一项艰巨的任务。因此，为了有效控制建设投资，1988 年，国家计委颁发了《关于控制工程造价的若干规定》（计标［1988］30 号），1990 年，能源部、水利部颁发的能源水规［1990］677 号文件，提出了水利水电工程实行限额设计，将国家批准的设计概算静态总投资，作为建设项目设计的最高静态总投资限额，规定了水利水电工程建设项目投资静态控制、动态管理的具体办法。2009 年 6 月，国家发改委又以《国家发展改革委关于加强中央预算内投资项目概算调整管理的通知》（发改投资［2009］1550 号），对加强和规范中央预算内投资项目概算调整管理进行了具体规定。

b. 进度目标。进度目标是建设工期目标。进度控制，是工程项目建设的中心环节。在施工阶段，工程进度延误后赶进度，必然会导致人力、物力的增加，甚至影响工程质量和施工安全；在关键时刻（如截流、下闸蓄水等）若赶不上工期，错过了有利时机，就会造成工程的重大损失；如果工期大幅度拖延，工程不能按期投产，将直接影响工程的投资效益。另一方面，盲目地、不协调地加快工程进度，同样也会增加投资。

c. 质量目标。工程项目的质量必须满足规范、设计要求和合同要求，工程质量是项目的生命，是由工程建设过程中的工作质量决定的。只有提高了工程建设的工作质量，采取各种质量控制措施，保证每道工序的质量，才能保证工程质量目标的实现。水利工程在现行的项目法人责任制、招标投标制、建设监理制等建设项目管理体制基本格局下，形成的项目法人负责、监理单位控制、设计施工单位保证和政府监督相结合的质量管理体制，就是加强水利工程质量管理、实现项目质量目标的基本保证。

工程项目的投资、质量、进度三大目标之间，既存在着矛盾的方面，又存在着统一的方面。因此，我们在进行工程项目管理时，必须充分考虑工程项目三大目标之间的对立统一关系，注意统筹兼顾，合理确定三大目标，要防止发生盲目追求单一目标而干扰其他目标的现象。

二、工程项目管理的任务

工程项目管理的主要任务就是要在工程项目可行性研究、投资决策的基础上，对勘察设计、建设准备、施工及竣工验收等全过程的一系列活动，进行规划、协调、监督、控制和总结评价，并且通过合同管理、组织协调、目标控制、风险管理和信息管理等措施，来保证工程项目质量、进度和投资目标能够得到有效的控制。

三、水利工程建设项目管理的要求

水利工程项目建设管理体制是项目建设管理的组织和运作制度，《水利工程建设项目管理暂行规定》要求：为了保证水利工程建设的工期、质量、安全和投资效益，水利工程建设项目管理要严格按照基本建设程序进行，实行全过程的管理、监督、服务。水利工程建设要推行项目法人责任制、招标投标制和建设监理制，积极推行项目管理。

四、水利工程项目管理的类型

在水利工程项目的决策、设计和实施过程中，由于各阶段的任务和实施的主体不同，项目管理的类型也就不同。

在项目建设过程中，由项目法人负责从决策到实施、竣工验收等各个阶段的全过程管理。项目法人在自行进行项目管理时，由于在技术和管理经验等方面往往存在很大的局限性，因此，需要专业化、社会化的项目管理单位为其提供相应的项目管理服务。由项目法人委托监理单位开展的项目管理称之为建设监理。由设计单位进行的项目管理一般限于设计阶段，称之为设计项目管理。由施工单位进行的项目管理限于施工阶段，称之为施工项目管理。

五、对水利工程建设项目管理开展绩效考核的思考

工程项目的管理是全过程的管理，任何一个项目，不论是政府还是企业投资的项目，其项目管理不外乎是质量、进度、投资的控制，以此达到获得优质工程的最终目的。因此，笔者认为对水利建设项目的管理，可以通过绩效考核的方式，来检查开展项目管理的实际效果如何。思路如下。

（一）注重项目的寿命周期管理

在项目管理理念方面，不仅要注重项目建设实施过程中质量、进度和投资的三大目标，更要注重项目的寿命周期管理。水利工程项目的寿命周期从项目建议书到竣工验收的各个阶段，工作性质、作用和内容都不相同，相互之间是相互联系、相互制约的关系。实践证明：如果遵循项目建设的程序，整个项目的建设活动就顺利，效果就好；反之，违背了建设程序，往往欲速则不达，甚至造成很大的浪费。因此为了确保项目目标的实现，必须要更新项目管理理念，对项目的质量、进度、投资三大目标从项目决策、设计到实施各阶段，进行全过程的控制。

（二）建立项目管理绩效考核机制

借鉴其他行业项目管理的一些做法，在水利行业建立项目管理绩效考核机制，制定绩效考核办法，按照分级管理的原则，对在建项目定期进行绩效考核，以此来督促工程各参建单位在优化设计，采用新工艺、新材料，提高质量，缩短工期，以及科学管理等方面，进行严格的控制，并且以控制成功的实例和业绩争取得到社会的公认，树立良好的声誉，赢得市场；反之，如果控制不好，出现工期拖延、质量目标没有达到、成本加大，超出既定的投资额而又没有充足的理由，项目的管理单位就要承担相应的经济责任。

各级水行政主管部门对辖区内的绩效考核工作进行监督、指导和检查，将管理较好和较差的项目及相关单位定期予以公布。

（三）绩效考核的内容

绩效考核的内容建议可以围绕项目的三大目标，从综合管理、质量管理、进度管理、资金管理、安全管理等方面，对工程建设的参建各方进行如下内容的考核：

a. 项目法人单位考核内容。基本建设程序及三项制度、国家相关法律法规的执行情况，招标投标工作、工程质量管理、进度管理、资金管理、安全文明施工、资料管理、廉政建设等。

b. 勘察、设计单位考核内容。单位资质及从业范围、合同履行、设计方案及质量、设计服务、设计变更和廉政建设等。

c. 监理单位考核内容。企业资质及从业范围、现场监理机构与人员、平行检测、质量控制、进度控制、计量与支付、监理资料管理和廉政建设等。

d. 施工单位考核内容。企业资质及从业范围、合同履行、施工质量、施工进度，试验检测、安全文明施工，施工资料整理和廉政建设等。

（四）制定绩效考核标准，开展考核工作

1. 制定绩效考核标准

明确了绩效考核的内容后，组织相关部门和专家，根据国家现行项目建设管理方面的法规、规章、规程规范、技术标准等制定出绩效考核的标准及评价的标准。

2. 确定考核工作程序

可以对具备考核专家条件的建设管理和技术人员建立绩效考核专家库，根据工作的需要，抽取相应的专家参加考核工作。由各级水行政主管部门负责组织成立考核组开展绩效考核工作，考核组成员由主管部门的代表和勘察设计、监理、施工等方面的专家组成。考核可以采取听取自查情况汇报，检查工程现场（必要时可以进行抽查检测），查阅从项目前期、招标投标到建设实施等各个阶段的工程有关文件资料等方式进行。

3. 形成绩效考核报告

考核组根据工程项目的实际管理情况，经过讨论后，分别对项目法人、勘察设计、监理、施工等单位的项目管理情况、绩效给出评价意见，提出绩效考核成果报告。考核成果报告的内容建议包括：项目管理绩效考核工作情况、考核结果、经验与体会、存在的主要问题及原因分析、整改措施情况等。考核报告及时予以公布，以形成水利工程建设项目管理争先创优的良好氛围，提高项目建设管理水平。

水利工程的特点决定了水利建设项目的管理没有完全一样的经验可以借鉴，因此，我们说水利工程建设项目管理是一项非常复杂和重要的系统工程，特别是我国加入 WTO 以后，国内市场国际化，国内外市场全面融合，项目管理的国际化将成为趋势。因此，开展项目绩效考核对规范工程参建各方建设项目的管理行为、提高项目建设管理水平将会起到积极的推动作用。

第三节　灌区水利工程项目建设管理探讨

新技术的不断突破，加快了我国灌区水利工程的建设进程，提升了农业发展水平。虽然目前水利项目建设中存在部分问题，但工程建设规模与数量的提升量十分可观，其中质

量是权衡灌区水利工程建设成熟程度的标志，因此，加强项目建设管理对于促进我国经济社会发展、响应新时期水利工程建设要求至关重要。

一、完成灌区建设与管理的体制改革

促进灌区管理体制的升级应围绕以下三方面开展：①创新建设单位内部人事制度，结合政策实现“定编定岗”；②创新水费收缴制度。当前灌区归集体所有，因水费过低导致长期的保本或亏本经营，对灌区工程除险加固、维护维修工作产生限制，需要科学调整当前水费，改革收缴制度，提升水价，转变收费方式，以满足灌区“以水养水”的目标；③加大产权制度改革力度，将经营权与所有权分离，例如小型基础水利工程可以借助拍卖、承包、租赁、股份等方式完成改革，吸收民间资本，保证水利工程建设资金渠道的多样化，克服工程建设或维护的资金不足问题，促进农业可持续发展与产业的良性循环。

二、参与灌区制度管理

①落实法人责任制度。推行项目法人责任制度是完成工程制度建设的基础，以法人项目组建角度分析，当前工程投资体系与建设项目多元化，并需要进行分类分组，最晚应在项目建议书阶段确立法人，同时加强其资质审查工作，不满足要求的不予审批。另外，法人项目责任追究过程中，应依据情节轻重与破坏程度给予处罚。②构建项目管理的目标责任制。工程建设中关于设计、规划、施工、验收等工作需要结合国家相关技术标准与规程进行。灌区通过组建节水改造工程机构作为项目法人，下设招标组、办公室、技术组、财务组、设代组、监理组、物质组等系列职能部门，制定施工合同制度与监理制度，将责任分层落实。③落实招投标承包责任制度。在工程建设完成前，施工项目中各个环节均需要工程认证程序。同时构建全面包干责任制度，结合商定工程质量、建设期限、责任划分签订合同，实现“一同承担经济责任”的工程项目管理制度。④构建罚劣奖优的制度，对于新工艺、新材料、优质工程给予奖励，并对质量不满足国家规程、技术规范的项目不予验收，责令其重建或限期补建，同时追究工程负责人的责任。⑤落实管理和项目建设交接手续。管理设施与竣工项目需要及时办理资产交接手续，划定工程管护区域，积极落实管理责任制。

三、项目施工管理

项目工程建设中施工管理属于重点，因此，灌区水利工程建设需要具有经验和资质的专业队伍完成。专业建设队伍具备的丰富经验可以从容应对现场意外情况，其拥有的资质能够保证建设过程的可控性。招投标承包责任制不仅能够审查投标单位的资质，同时可以利用择优原则对承包权限进行发包。因此，承包方应结合实际情况，按照项目制定切实可行的建设计划，同时上报到发包单位，依据工程进度调整施工环节。如果在建设中需要修改施工设计，应及时与设计人员沟通，经过监理单位与设计单位同意后由发包单位完成设计修改，注意调整内容不可与原设计理念和内容相差过大。此外，借助监理质量责任制与具有施工经验的监理企业构建三方委托的质量保证体系，能够把控工程建设质量与工期。

四、工程计量支付与基础设施建设费用

（一）计量支付管理

工程计量支付制度是跨行业支付的管理理念，当前，灌区水利工程建设中一般采取计量支付制度。此方法可以在确保项目工程质量的同时结合建设进度与具体的工作量以工程款支付为依据，通过计算工程量确定工程款项的总额。在实际施工中，建设单位可以通过建立专用的账户实现专款专用，并在工程结束后，立即完成财务决算，同时结合财务制度立账备查。

（二）基础设施使用费用管理

水利工程运行与维护的来源是水费，是确保工程基础设施正常运行的基础。在水费收缴中，需要明确灌溉土地面积，进而确定收缴税费。因此，水利工程的水费收缴需要降低管理与征收的中间步骤，克服用水矛盾，将收缴的水费结余部分用于水利设施建设与更新工作。

五、加强灌区信息化管理

（一）构建灌区水利信息数据库

数据库构建是灌区水利的信息化建设的核心，项目信息化建设在数据传输、处理、应用中具有较大的优势，通过建立水利数据库对信息进行处理和存储是完成水利管理现代化的主要方法。因此，在构建水利信息库时，需要注意以下两方面：①在分析数据库结构时，应充分了解灌区详情，科学分类水利信息，将数据库理论作为依据，设计出满足应用需求的物理数据库与逻辑数据库；②在填充数据库内容时，应结合区域实际情况，通过数据库管理系统中的录入功能将水利资料输入其中，以此构建数据仓库，满足水利管理决策与工作需求。

（二）灌区水利信息数据库分类

灌区数据库大部分按照灌溉水资源的调配过程进行分类，此方法方便规划、十分专业。将灌区的属性信息存入基础数据库中，可以依据其物理属性构建多种类型的数据库，并分成若干数据表，用于存放各种数据，实现数据的分层应用与管理。一般灌区数据库需构建六大模块，包含输水数据库、取水数据库、分水数据库、测控数据库、用水数据库、管理

数据库等。其中分水数据库与输水数据库负责排水与供水模块；取水数据库负责管理存储水源的水资源和灌区建设信息；测控数据库管理与存储反馈控制点、信息采集点与监测信息；管理数据库负责管理、存储项目建设行政办公信息。

（三）实现基础资料数字化

目前我国许多灌区建设资料未完成数字化，大部分以照片、纸张等形式完成存储，信息化建设水平较低。由于灌区信息化建设属于系统工程，因此应保证信息采集、数据库建立、数据存储与应用的自动化过程。例如某市通过建设数字水利中心，存储抗旱防汛的灌区水利工程建设数据存储、视频监控、分析演示、精准管理、视频会商等资料，进一步提升了区域水利建设的信息化管理工作。

（四）建设数据采集系统

灌区的水利信息采集系统主要是对区域气象情况、渠道水情、作物的生长情况等数据进行收集。灌区水利信息包含三种：实时数据、动态数据、静态数据。其中，静态数据是基本固定不变的资料，包含灌区工程建设资料、行政规划、管理机构；动态数据变化是随时更新的资料，如灌区的作物结构与种植面积，通过实时信息进行不定期或定期采集，并将其存入灌区水利数据库中；在灌区水利建设中经常会遇到灌水水位增长、降雨、雨情资料等实时内容的更新，此类数据更新时间较短，因此通过人工采集方式无法实现数据库的信息化建设，需要结合计算机技术与自动化技术，实时、自动采集数据，构建灌区水利的信息采集系统。此外，建立灌区水利的通信系统至关重要，能够保证项目管理部门的相互交流协调，因此可结合管理需要，构建短波通信系统、电话拨号系统、集群短信系统、数字网络系统、光纤通信系统、卫星通信、蜂窝电话系统等结构，从而实现灌区水利项目管理的现代化与自动化。

灌区水利工程项目是工程管理的主要内容，在实际工作中构建权利与责任一致的管理体系极为关键。因此需要管理目标责任制、招投标承包责任制、奖惩制度的构建与推行突出农业发展的积极作用，同时应结合区域优势实现灌区网络化管理，加强信息化建设，借助先进管理方式突出灌区水利工程建设的高效性。

第四节 水利工程维修项目建设管理

现代化社会，水利工程是维护人们正常生活的重要设施之一。水利工程是人们生活用水的基础保障，不仅关系到水电站的运行安全，而且对其运行质量产生重要影响。本节首先对我国水利工程维修管理中存在的问题进行阐述，然后提出关于提高水利工程维修项目管理效果的措施和建议，旨在为促进我国水利工程发展提供参考和借鉴。

一、我国水利工程维修管理中存在的问题

（一）相关维修设备使用和操作不当

维修设备的使用效果直接影响水利工程的图纸设计、维修设备安装和维修效果。在大多数水利企业中，维修人员未经过专业化的维修知识培训，或者专业知识与实践水平不能相匹配。这种情况导致水利人员在进行维修时，往往根据自身的实践经验开展维修工作，使维修结果产生较大的误差。同时，大多数水利维修设备较为复杂且精密，需要后期专业的保养。如果工作人员的专业能力不足，导致设备无法获得专业保养，会大大降低设备的使用寿命和使用精确度，为后期水利设备维修工作产生负面影响。

（二）维修人员专业素养不足

目前我国只有少数高校开展了水利工程维修项目管理专业，并且专业知识和教学实践水平不足，这种情况不利于我国专业水利维修管理人员的培养和发展。并且在水利工程的一些工作阶段，一些企业会选择其他技术类人员的或者兼职人员代替。这些人员往往不具备专业的维修知识，只经过简单的培训，未形成系统的维修实践体系。同时，专业维修人员的培养需要花费一段较长的时间和投入，除了维修理论以外，还要进行大量的水利工程维修管理实践。

（三）维修工作管理不到位

水利工程具有特殊性，维修管理工作往往需要相关政府、社会和企业共同组织、实施、参与和管理，增加了维修工作管理的难度。关于水利设备维修结果的监督与评价，目前只有少数水利企业具有内部较为专业的维修监督部门。同时，大多数企业对于水利工程的质量管控只关注建设质量，往往忽视了后期工程维修管理的重要意义。除此之外，目前工程维修并未形成统一性的维修管理标准和制度，不利于水利工程维修管理工作的开展。

（四）没有建立整体性水利工程维修管理预算体系

目前受各方面因素影响，我国水利工程预算未建立系统性的维修预算管理体系，对于水利工程整体发展产生了负面影响。其主要原因有以下几个方面：①水利工程预算人员专业能力不足，同时，未加强对水利工程维修预算管理的重视程度，导致在工作中出现较多错误和问题，使得水利工程预算不能与实际水利工程维修管理工作有效的匹配；②水利工程中的各个环节具有复杂性，使得相应的水利工程预算实施较为困难、难度较高，阻碍了水利工程维修预算管理工作的实施进程。

二、提高水利工程维修项目管理效果的措施和建议

（一）培养专业水利维修人才，提高水利工程控制力度

我国高校可与建设工程机构进行合作，不断输送专业化的水利维修管理人员。同时企业需要定期开展针对性的水利工程维修知识培训，从实际出发综合提高水利工程人员的能力。除此之外，需要重视水利工程维修过程中问题的积累和分析，为管理人员创造更多的实践工作经验。

（二）制定严格统一的流程化水利工程维修标准

针对水利工程的复杂性，需要制定严格统一的流程化水利工程维修管理标准，比如：①安排专业的水利维修工作指导人员，提高水利管理全过程的有效性；②积极研发水利工程维修的核心技术，结合实际工作经验，制定统一的如水利工程维修设备登记标准、水利工程维修方案网络图标准、水利工程仪表参数标准等；③明确水利工程维修管理工作分工，具体工作具体落实，严格执行。

（三）普及自动化水利工程维修

自动化水利工程维修能够大大提高水利工程维修管理工作开展效率，降低人工水利维修的人力成本和经济投入，避免产生由于人的主观能动性造成的水利维修误差，帮助水利建设企业开展精细化管理和考核。

（四）建立完善水利工程维修管理法制标准

根据时代发展需要，建立健全水利工程维修管理法制标准。比如水利工程设备制造标准、水利工程质量监督标准、水利工程管理检查制度、水利工程包装监督管理标准等。通过制度帮助建设企业确立水利工程节能经济投入标准，提高掌控力度。

（五）科学、严格的水利工程维修预算管理标准

针对目前水利工程维修预算管理中出现的问题，企业相关部门可以制定严格的执行标准，逐渐形成完整的制度管理体系，这样能够使预算人员在实际水利维修管理工作过程中落实更加有效。比如水利工程量化标准、水利工程维修设计图纸修改标准、水利工程维修施工标准、水利工程维修评价标准等。同时，也可以对各项水利工程环节进行编码，加强对整体维修工作的把控力度。水利工程维修预算管理相关标准的建设不是一朝一夕可以实现的，需要企业相关部门根据实际的预算过程，将制度一项项落实后，不断优化和调整，保障标准与实际维修工作的匹配性。

（六）完善信息化维修管理平台

利用信息化管理技术能够建立较为完整的水利工程维修管理平台，对管理过程中的信

息和数据进行专业化的采集和分析，提高信息传递的有效性，帮助水利维修问题的解决。建立完整的信息化维修管理平台，符合水利工程现代化发展的需要，能够促进管理工作的有效落实。需要注意的是，在信息化管理平台构建的过程中，水利企业要关注平台的立体化、结构化和多层次的特点，将不同的水利工程维修项目管理目标进行有机结合，从而大幅度提高维修管理效果 [3]。

综上所述，水利工程维修管理对于水利工程的整体质量和效果意义重大，相关水利企业需要加强对水利维修项目管理的重视程度，深入分析控制要点，增强对整体维修项目的把控力度。在现代化过程中，凭借先进科学技术水平，不断调整和优化，为水利工程企业节约经济成本，提升市场竞争力。

第五节　水利工程建设项目造价管理

水利工程造价管理的目标是使用某些程序来有效地识别和控制项目成本，以提高水利工程的经济和社会效益。项目成本不仅应经过仔细研究、核算和分析，而且还应在经济，技术和管理知识的基础上进行管理。水利工程的质量管理水平直接决定了项目投资的有效性，对项目质量有非常重要的影响。

一、水利工程造价影响因素分析

结合现阶段在中国水利部门实施的各种工程项目，在控制成本方面做好工作已成为共识。该项目也投入了大量精力，但由于水利建设项目的特殊性和外部环境，仍然存在许多影响问题，共同的影响因素如下：

（1）设计方案不正确。水利工程相对而言依赖于设计计划，因为它不合理，这可能导致失去对相应项目成本的控制，并最终导致失去控制。建设项目执行良好。与设计方案相关的成本影响机制通常主要是由于以下事实：设计方案的可行性不高，并且在随后的构建过程中很难获得理想的应用。特别是可能导致过度投资消耗和未在预算中批准的风险。完成相应水利工程的建设任务。在中国当前的经济体制和市场环境下，市场监管对水利工程造价管理的影响日益重要。家庭水利工程造价管理部门的职能必须随着时间的推移而演变，即从静态管理向动态管理，从微观控制到宏观控制，以及建立“统一的领导、分工、合作和组织”。公司实行集中管理和项目管理的原则，就是要确保水利工程的造价管理真正实现全过程的动态控制。

（2）对配额的影响。目前，配额也对水利工程的建设成本产生影响，这也是影响水利工程预算准确性的重要原因。预算编制不合理将不可避免地导致有序不执行监督成本控制工作。例如，无法联系单个项目，无法根据职位和职等确定劳动力的单价，无法根据实际消耗，损失和管理水平来计算物料，无法确定设备投入和消耗基于每小时的生产率组合构建规则和布局计算；成本加成不能与特定的风险，收益和不可预测的因素（例如分析和计算）相结合，也不能准确反映当前水利工程的成本。

（3）各种支出的统计混乱。对于建筑公司，采用统一的定额和收费标准将投标价格汇总到造价管理工作中时，由于成本核算方法和成本内容与现行施工方法不符，合同价格不能在施工过程中用作施工。因此，许多建筑公司应在项目成本和费用的基础上，回到施工期间的实际水平，调整产品成本平衡，编制内部预算的单价并进行控制。费用。

（4）外部环境因素。影响节水工程建设成本的因素也来自外部环境，因为节水工程的建设环境一般较为恶劣，施工难度较大。总体建设中还存在许多不确定因素。在进行节水工程时，由于施工现场的异常变化或对隐蔽工程的管理不善，很容易造成建筑工程数量的增加，造成建筑材料的浪费，不可避免地导致预算超支。

二、工程造价管理与控制

在准备节水建设阶段，准备一项投资评估报告，这是必不可少的。认真分析市场状况，了解市场价格动态，并提供准确的市场信息来管理和控制水利工程的成本。有关部门将在项目造价管理和控制方面有明确的方向，工作重点更加突出，效果显著提高。有必要设立监督部门，以确保对建设资金的流动进行严格的监督，确保每笔资金在实践中得到使用，并有效地控制工程成本。

（一）设计阶段造价的管理与控制

在建设水利工程之前，应先设计工程，设计阶段的管理和成本控制主要分为两部分。首先，做好现场调查，直接解决水利工程的性能要求和有关信息，提交设计单位。然后，设计团队将根据项目的具体要求派遣一个现场调查团队到施工现场。在勘探工作中，有必要注意当地地质，人文和天气状况的收集，以及收集内容的准确性和有序性。配额设计还应在设计阶段进行以最大限度地利用投资。根据功能的不同，水利工程可以科学地分为几个部分。设计单元使用价值工程理论来评估每个零件的设计。因此，设计人员和成本人员应在设计阶段紧密合作，并提供持续的成本信息，以使设计计划更加经济合理。有效地实现成本控制。同时，我们必须注意治疗的细节。设计工作比较烦琐。如果每个细节工作都可以得到适当的管理，那么它不仅可以提高项目的整体质量，还可以节省资金。

（二）施工造价管理与控制

施工阶段是造价管理过程中最重要的部分。在施工过程中加强现场管理，严格控制材料，最小化设计变更，并确保现场签证与现场签证签署，以确保施工阶段的费用达到批准的限额。

1. 优化施工组织

施工组织的水平能力将直接影响整个项目的质量和成本控制。建筑公司的管理层必须具有丰富的经验，强大的专业能力，高尚的职业道德和很高的专业水平。各级部门之间的分工应该足够明确，并能够确保信息的有效传输。

2. 建材控制

大多数节水资金都用于购买建筑材料，因为建筑材料的质量直接影响到整个项目的安全系数，因此必须严格控制建筑材料的购买。根据建筑材料的质量和性能满足设计要求，然后考虑价格差异，选择最经济的供应计划。不能同时购买建筑材料，必须实施有限的抽样方法。由于某些建筑材料是特殊的，如果将它们放置不当或长时间存放，它们的性能将发生变化，并且将不会用于项目的建设中，这将浪费材料和资金。

（三）竣工阶段的工程造价管理与控制

水利工程完成阶段的投资控制是造价管理的最后环节。在最终结算期间，将重新汇总施工阶段每个环节的检查站的水利工程测量，签证验证，修改和索赔，并且合同内容可以转换为承诺。价格将在完成后反映为货币。

1. 注意各种费用

在水利工程竣工阶段，必须严格按照合同制定使用费征收标准。查看项目费率，价格指数和价格计算。同时，间接费用和劳动保险费用也要统一换算。

2. 仔细检查隐藏的作品

在水利工程建设中经常有隐蔽工程，在竣工阶段无法有效检查。为了不影响造价管理和项目控制工作，必须保留隐藏项目的相关图像数据，以方便完成后检查。

3. 检查外观设计变更签证的实施情况

由于环境，人为因素和其他因素，水利工程往往会在施工期间调整初始设计，这可能会增加工程成本。因此，有必要加强对设计变更的控制，并严格控制适用的程序。相应的费用只能在手续完成时支付。

三、水利工程造价管理发展趋势

（1）按数量和价格分离物料数量的方法。中国项目当前价格结构的所有内容，即直接成本、利润、税金等，都取决于各个公司的生产率水平，生产管理水平，价格水平等因素。购买生产和拍卖策略。资源条件不同，同一项目的消耗也必须不同。因此，公司必须有权要求报价。

（2）完善市场机制，确保项目造价管理改革的顺利实施。制定符合中国国情，符合节能建设改革的具体政策措施，转变国家管理职能，实现政企分离，改善建设，推进信用体系，充分发挥中介和产业作用协会并确保投标人不要使用下一步。在标准之前在同一图纸上计算技术量，以避免重复工作，这大大降低了招标单位的成本，使招标单位可以专注于设计和调查的施工组织，缩短拍卖周期。

（3）项目造价管理的改革可以促进节水建筑公司的发展。项目造价管理改革有助于提高建筑公司的生产和经营管理水平，节约能源并减少消耗，促进建筑公司的生产力发展，提高企业的生产能力，鼓励可持续发展，降低国家和社会的建筑成本。建立储备。该业务最初的超额利润变成了竞争中的平均利润，而有限的资金投入了更多的建设项目。

（4）工程造价管理改革可以促进节水建筑市场的发展。在项目的设计阶段，将进行招标，以基于公开，公平和公正的原则进行合理的竞争，并以最高的技术水平，最先进的设备，丰富的经验和良好的信誉进行最具创新性的竞争。被选中进行施工。建立合理的良性竞争机制，不仅有利于节水工程的造价管理，而且可以促进

综上所述，水利工程建设项目的造价管理是一项相对重要的控制任务，也提出了相对重大的管理挑战，通过全方位的造价管理，以提高节水工程的效益。

第六节　水利工程建设项目招投标管理

推进水利工程招标制度的主要目的是适应市场经济的稳步发展，从而实现水利建设市场各主体之间交易和竞争的平等和公平。保证水利工程在质量、投资、建设工期等方面得到有效控制。

一、招投标管理的现状与问题

（一）标底设置不尽合理

在工程项目进行实际招投标的过程中，有些地区或者相关部门由于项目建设资金不到位，在确定预算定额以及工程项目的标底时并没有严格按照国家的相关要求进行，往往会出现标底价过低的现象。另外，在进行标底的编制时也没有委托具有编制资质的单位或者专家，导致标底的编制过低，直接影响了工程项目建设。

（二）资质审查过程中存在的问题

由于招标单位在招投标过程中占据重要地位，会出现招标人不符合招标要求便开展招标活动的现象。有些招标人甚至都不具备足够的投资资金就要求投标企业自行准备足够的资金参与投标，这种情况严重违背了工程项目建设过程中的公平原则，并且对投标人的利益造成了严重的损害，甚至会引发各项经济纠纷。

（三）组织评标过程中存在的问题

（1）不管是在开标阶段、评标阶段或者是定标阶段，总是会受到一些人为因素的影响，人为的主观因素，会直接影响到评标打分的偏高或偏低；

（2）在对投标进行审查的时候，评委会通常会受到报价得分的影响，最高报价得分往往会影响到其他项目的打分值。

（四）招标准备工作不充分

多数水利工程建设项目，受施工环境和季节的影响，安排的计划施工工期较紧。项目法人单位往往要求招标代理机构尽快完成招投标工作，因此，造成招标代理机构招标准备工作不充分，体现在招标文件编制不严谨，打分项针对性不强，工程量清单漏项，标段划分不合理等。

二、具体的防范措施

（一）有效规范招标文件的编制

在水利工程项目建设的过程中一定要严格按照我国《招投标法》以及相关的招投标管理规章制度展开公开形式的招标工作。在招标之前需要做好招标邀请以及议标工作，并且要得到相关主管部门的认可。在招标的时候，不仅要严格按照法律规定规范进行，还需要充分展现出招标工作的公平性、公开性以及公正性等三大原则，一旦出现违规招标现象，严禁展开施工。

招标管理部门在编制相关文件的时候，需要阐明工程项目的具体施工工期、施工重点和难点、工程质量的相关规定以及施工调整等情况。在制定竞标策略的同时还应该做出一定的承诺，一旦出现行业垄断等不良现象应该及时纠正，避免出现有制约性条件排斥的系统投标人进入到本系统市场的情况发生。

（二）规范招投标流程

投标单位必须具备以下资质才能进行投标：①具备法人资格；②企业实际状况应该满足项目工程招标的各项要求；③审核企业在最近三年以内履行合约情况；④审核拟派负责人的具体情况，包括名称、职务以及业绩等；⑤我国家对投标单位提出的要求以及招标文件的相关规定等。防止地区保护主义发生，避免出现假借资质的现象。

合理规范招投标的具体流程，根据法律规定合理整顿招标的相关代理活动。行政主管部门不得与招标代理机构存在利益甚至隶属关系，确保招标代理机构不会影响到行政主管部门的日常工作。进一步改善招标代理市场的准入机制和退出机制，要求其在展开经营活动时应该严格按照法律规定，充分体现公平性、公正性以及公开性原则，一旦出现违反相关法律法规的现象应该取消招标代理机构的资格。

（三）开展专家评审机制

在招标工作中，最重要的是评标，评标方法必须科学规范，招标过程要公平合理。项目的法人根据项目的实际情况，认真研究制定评标方法。完善评标专家管理机制，严格评标专家资格，严格培训、评价和管理评标专家档案；并根据具体情况和专家评审结果对评标专家进行替换和补充，对评标专家进行动态管理。严格执行回避机制，禁止行政监督部门和项目主管部门的工作人员、评标委员会或者专家参加。

总之，水利工程在进行招标投标管理方面，尽管流程相当烦琐，但规范招标程序，将会对完善招投标的管理起到推动作用，从而在进行招投标工作中做到公平、公正和公开。

第七节　水利工程建设项目质量监督管理

水利工程建设项目质量是水利工程建设项目成败的关键。近年来我国水利工程施工的数量不断增加，水利工程作为一项民心工程，其不仅需要实现一定的经济效益，同时还需要实现社会效益，所以需要加强对水利工程建设项目质量监督管理进行，从而提高水利工程的质量。基于此，本节阐述了水利工程建设项目质量管理存在的主要问题及其影响因素，对加强水利工程建设项目质量监督管理的策略进行了论述分析。

一、水利工程建设项目质量管理存在的主要问题分析

水利工程建设项目质量管理存在的问题主要：①水利工程建设项目质量管理意识问题。我国水利工程施工质量很大一部分原因都是因为施工单位质量管理意识薄弱。施工工程中，不能重视施工质量管理，没有考虑到施工质量的重要性。当质量与进度发生矛盾时，当费用紧张时，就放弃了质量管理的中心和主导地位。变成了提前使用、节约投资；②水利工程设计方案变更问题。水利工程施工过程中，施工单位为了施工方便或谋取更高的利润，通常都会跟设计沟通而进行设计变更，但是在一个工程中，变更项目太多，往往会影响最初的设计理念和原则，不能使最初的设计产物完好的呈现，设计功能和质量都不能保证。水利工程施工条件问题。一般水利工程主要建设在施工环境较恶劣的山区、峡谷等地带，由于交通、通信不便，缺乏安全救护、卫生医疗等条件，这给施工带来诸多不便，施工过程中，特别是在较为危险的情况下，施工人员通常都会降低质量标准，而缩短暴露在不安全因素中的时间。

二、影响水利工程建设项目质量监督管理的主要因素分析

影响水利工程建设项目质量监督管理的因素主要有：①施工环境因素。水利工程施工

环境一般都比较复杂，并且环境复杂多变会严重影响水利工程施工质量，因此在施工过程中，应根据水利工程特点及具体施工条件，对影响质量的环境因素采取有效策略进行严格控制。营造文明、安全的施工氛围，与周边地方群众相互协调，遵守当地的风俗习惯、宗教信仰等；②施工方法因素。方法包括施工方案和施工工艺。在制定工程施工方案和施工工艺过程，必须结合技术、组织、管理、经济等方面进行综合分析，选取在技术上可行性的施工方案，并考虑工程经济上的合理性。优良的施工方案，将有利于提高工程的施工质量；③施工人员因素。影响水利工程质量首要因素是参与的人。所谓的人包括参与工程施工的组织工作者、指导工作者和现场操作工作者。人员素质的高低，很大程度影响着工程的施工质量。只有高素质的人才，才能更好保证工程的质量管理；④施工材料因素。施工材料的合格是保证水利工程施工符合要求的物质条件。材料的质量是工程质量的基础，其符合要求与否，将决定工程质量是否符合规范标准，决定了工程能否达到预期效果的重要因素。因此，应严格控制材料的质量好坏，做好检查验收工作，正确合理地使用，并建立良好的管理台账，有必要进行收、发、储、运等各环节的技术管理，避免使用混料或不合格的材料；⑤施工机械因素。施工机械对水利工程施工质量有着直接的影响，在选用施工机械设备时，应综合考虑施工现场的条件，建筑结构形式、机械设备性能、施工工艺和方法、施工组织与管理、建筑技术经济等多种因素，并对各种预选用机械进行多方案比较，最后选择装备配合合理，使得各个机械部件有机联系。

三、加强水利工程建设项目质量监督管理的策略

（1）健全完善水利工程建设项目质量监督体制。水利工程建设应严格按照水利部要求，成立水利工程建设项目质量监督机构，确保每项工程都得到有效监督。并且在水利工程监督过程中，应把参建单位质量行为的监管作为重点，对于出现重大质量问题的参建单位，质量监督部门应严格按照相关规定做出处理。

（2）深入现场，全面监督。加强对水利工程现场监督力度，加大巡检次数。从开工初期到工程完工进行全面监督管理。及时审查各参建单位资质，与现场人员相对照，保证质量管理体系健全。

（3）严格施工材料设备的质量管理。严格施工设备以及施工材料的控制，可以确保水利工程的质量。施工设备对于施工起到十分重要的作用，特别是对于施工中需要用到的比较大型的设备以及大规模建材，都需要依据国家相关的要求以及规定，对于这些出厂规格性能、材质型号、质量合格证进行有关的检测，当具体的施工达到要求后，再进行有关的验收。在材料验收的过程中，应该有专业的技术人员对于材料的规格、型号与质量等标准进行详细的检查，对于那些质量不合格或者是没有有关合格证书的，一律都不允许进场，并且应该严格管控材料的来源，在所有的材料入场前，应该严格对其进行清点，根据材料的型号与规格对其进行存放，做好质量管理工作。

（4）加强施工流程的控制管理。加强施工流程的控制管理，要加强项目部各职能部门对施工流程监督和管理工作，对于不按照正常的施工工艺流程进行的行为应及时制止，加强现场指导和督促。对私自更改施工工艺，未按照程序施工的人员要进行问责制。以此来保证施工质量。

（5）提升从业人员的综合素质。影响工程质量的因素最终都是由于人为因素导致的，所以应该在人员素质上应加以提高。首先，保证项目的指挥者、领导者具有高水平的项目决策能力和领导能力；其次，应该保证工程施工的操作人员具有合格的技术技能和较高的个人素质，能够对自己所负责的工程负责任。为了保证工作人员的素质，可以在选聘的时候就进行严格的审核工作，上岗后及时安排培训，取得相应的资格证后，持证上岗，并制定相应的考核制度，定期进行人员的技能考核。将水利工程施工中的员工素质提高，也就是对整个工程质量的防范控制。

综上所述，质量监督管理是水利工程建设过程中的重要环节，是提高水利工程质量重要途径。并且水利工程一般规模都比较大，其不仅与人们的日常生活息息相关，还影响着整个社会经济的运行，因此必须加强对水利工程建设项目质量监督管理进行分析。

第八节　基层水利工程基本建设项目财务管理

近年来，随着水利基本建设投资多元化和国家投入不断加大，水利基本建设财务管理遇到了许多新情况、新问题，新的形势为我们财务管理提出了更高的要求，为了适应新时代的发展、保证基本建设持续、快速、健康发展，因此不断加强水利基建项目的财务管理，努力提高财务管理在基本建设过程中的重要性，本节尝试对当前基建财务管理存在的问题以及相应措施方面进行简要论述。

一、建立完善水利工程基本建设财务管理体系的必要性

（一）水利基建财务管理体系的概念

基本建设项目财务管理的主要内容包括：建立健全水利基本建设内部财务管理体制，明确单位负责人在财务管理中的权责；做好内部财务管理工作的基础，明确编制财务预算管理的要求及财务风险；加强资金管理，明确资金拨付、工程价款结算。在成本管理方面明确成本构成及开支项目，做好费用的控制。加强资产管理，做好竣工结余资金管理，反映水利基本建设项目的财务报告及财务分析；单位还应建立内部财务监督与检查制度。

（二）水利基建财务管理体系的必要性

（1）水利基本建设单位或项目法人必须适应新的形势要求，建立起规范的、完整的

内部水利基本建设财务管理办法，才能保证国家法律的贯彻执行，才能确保新的财务管理体系的完整性。

（2）依据国家有关项目法人责任制的相关规定，项目法人必须保障项目资金的安全和效率。为此，需要建立水利基本建设资金管理办法，把水利建设资金按资金渠道和管理阶段，实行分级管理，分级负责。对于批准的水利基本建设项目资金专款专用，不可以截留、挤占和挪用，必须厉行节约，降低工程成本，防止损失浪费，提高资金使用效率，需要健全对单位水利建设工程进行全面监督制约的内部货币资金控制制度，规范会计行为。明确资金使用的原则、范围和程序，使项目资金的管理更加制度化、规范化。

（3）财务管理是建设单位内部管理的中心工作之一。制定一套规范完整的内部财务管理办法，充分利用价值形式参与管理，实现社会效益的最大化。

（4）制定水利基本建设单位财务管理办法，规范单位各方面的财务管理行为，预防错误，降低项目建设风险，保证资产安全。根据项目计划、项目预算财务预算，进行成本与费用控制与核算，合理使用各项资产，使国家的建设资金发挥投资效益。

二、基层水利建设项目财务管理中存在的问题

（一）单位财务管理制定不健全

由于单位基本建设项目繁多，分布全县各个乡镇，项目规模大小不一，建设周期长短不同，日常财务管理工作中遇到的问题也多种多样。在实际工作中，因前期工作不扎实，实施方案和设计方案粗糙，造成计划投资与实际投资不符，增加工程变更，无形中增加投资成本，工程人员未及时与财务人员沟通反馈工程变更情况，提供相关变更资料，增加了财务核算工作的难度；内部财务管理制度不健全，内部控制制度缺失，直接影响财务核算成本的准确性和真实性，影响项目的实际投资和结余。

（二）财务管理机构参与性不强

虽然成立了财务管理机构并建立了财务岗位责任制，但在实际工作中，财务部门不能参与项目评估、概预算审查、招标、评标、经济合同的拟定，以及竣工验收等全工程的管理。

（三）内部财务监督检查制定形同虚设

财务监督和检查制度形同虚设，在实际工作中对水利基本建设项目有没有计划外工程和超标准建设，工程建设进度情况，财务部门不能及时了解掌握，财务所能发挥的作用仅仅是会计核算这一职能，财务的职能仅局限事后的会计记账核算，至于概预算编制、设计、施工及监理等合同签订财务部门均不能有效参与，随着国家对水利基本建设资金投入的增加，对项目资金的管理任务也不断增加，财务管理工作的难度也相应提高。

（四）工程管理不善增加建设成本

由于基本建设项目受气候的影响，冬季不能施工的问题，项目当年安排的资金计划当年一般不能全部完成，工程项目在冬季不能施工，在工程停工期由于重视安全不够，存在安全隐患，给当地的老百姓造成财产损失，建设单位赔偿财产损失，增加工程成本，在当地老百姓造成不好印象，这对工程建设的顺利实施带来较大的不利影响。

（五）工程结算不规范的情况

水利基本建设单位大多重工程建设的质量和工期，对资金的使用管理不够重视。由于工程价款结算不及时，结算手续不齐全，财务部门不能准确计算投资完成情况，该支付的工程款长期挂账，账面成本与实际项目投资完成存在较大差异。工程部门和财务部门配合不到位造成已经建设完成多年的水利工程项目虽以完工，但确不能及时编制水利基本建设项目竣工决算。使得工程迟迟不能审核审计造成工程不能及时验收，资产交付无法落实。

三、完善水利基本建设财务管理的建议

（一）建设完善的单位管理体系

建设单位应设置适应工程建设需要的组织机构，如设置综合、计划财务、工程技术、质量安全等部门，并建立完善的工程质量、安全、进度、合同、档案、信息管理等方面的规章制度。加强资产管理制定、财务报告与财务评价制定、内部财务监督检查制定。做到财务管理有章可依、管理规范、运行有序；加强对水利基本建设项目投资及概算执行情况管理、水利基本建设项目建设支出监管、水利基本建设项目交付使用资产情况管理、水利基本建设项目未完工程及所需资金管理、水利基本建设项目结余资金管理、水利基本建设项目工程和物资招投标执行情况管理，按照不相容岗位相互分离的原则，建立健全内部控制制度。

（二）财务人员在会计核算中对工程财务决算编制的重要性

鉴于水利基建项目工程内容复杂、多样的特征，加强基层水利建设单位财务管理中财务会计人员队伍建设，提高财务人员核算及管理能力，是顺利完成各项水利基本建设项目的重要保证。决定了财务管理人员必须拥有过硬的基本建设财务管理与会计核算知识。建设管理单位也要为基本建设项目的财务人员提供必要的学习条件，进行一定的人、财、物的投入，让水利基本建设项目财务核算管理具有真实性、准确性及完整性。所以必须加强基层水利建设单位财务管理对工程资金按基本建设财务规则核算，但由于财务人员业务水平不足，会计核算不细，在建工程相关的会计科目只设到三级，竣工财务决算概算执行清理时发现，会计核算的深度达不到反映概算执行情况的深度。会计核算不准确，将部分临时工程没有记入待摊投资科目，而是计入建筑安装工程投资，导致竣工财务决算交付使用

资产清理不准确，核算时不能全面反映工程投资成本。不能为领导决策提供真实、有效的财务信息，造成决策的随意性和盲目性，增加了财务风险。

（三）加强水利基本建设单位资金管理

加强水利基本建设货币资金管理，依照财经法规的规定，建立最大财务事项的集体决策制度，依法筹集、拨付、使用水利基本建设资金，保证工程项目建设的顺利进行；加强水利基本建设资金的预算、决算、监督和考核分析工作；加强工程概预（结）算、决算管理，努力降低工程造价，提高投资效益。严格遵守工程价款结算纪律和建设资金管理的有关规定，建设单位财务部门支付水利基本建设资金时，必须符合规定的程序，单位经办人对支付凭证的合法性、手续的完备性和金额的真实性进行审查。实行工程监理制的项目须监理工程师签字；在经办人审查没有问题后，送建设单位有关业务部门和财务部门负责人审核，对不符合合同条款规定的；不符合批准的水利基本建设内容的；结算手续不完备，支付审批程序不规范；不合理的负担和摊派财务部门不予支付。加强水利基本建设资金管理监督，避免财务风险。

（四）单位制定水利基本建设财务风险控制

单位制定水利基本建设财务风险控制制度，有利于单位加强财务管理，提高管理水平。目前，相当一些建设单位缺乏资金运动中的风险意识，对财务风险认识不足，缺乏风险控制的手段和措施，为确保资金安全，避免和减少财务风险给水利基本建设资金带来的损失，单位应该重点在指标、合同签订、工程款结算环节，加以财务风险控制是非常必要的。

（五）加强水利工程价款结算的管理

加强水利基本建设项目工程价款结算的监督，重点审查工程招投标文件、工程量及各项费用的计提、合同协议、概算调整、估算增加的费用及设计变更签证等，以最后一次工程进度款的结算作为工程完工结算，检查工程预付款是否扣完，并对施工合同执行过程中的遗留问题达成一致。按照水利基本建设项目财务管理的有关规定，在水利工程建设项目完工后，项目建设管理单位应及时办理工程价款结算和清理水利工程项目结余资金，财务部门在工程管理部门等相关业务部门的配合下及时编制水利基本建设项目竣工财务决算，由财政投资审核中心和审计部门对完工的水利工程项目进行决算审核和审计。建设管理单位拿有关部门出具的水利基本建设项目竣工财务决算审核报告，报财政部门批复后，建设管理单位应及时把水利基本建设项目工程的结余资金上缴财政。并对水利建设项目全部完成并满足运行条件的完工工程及时组织竣工验收，在办理验收手续前，财务人员会同工程管理人员，逐项清点实物，实地查验建设工地，建设单位编制“交付使用资产明细表”，同时应当及时办理工程建设项目的资产和档案等的移交工作，办理验收和交接手续，工程管理单位根据项目竣工财务决算所反映的资产价值，登记入账。

总之，为保证国家政策和制度的贯彻落实，提高水利资金安全、效用程度，建设管理单位应高度重视财务管理。水利基本建设单位财务管理的形式和内容的繁简程度，应依据项目的规模、管理模式、管理要求的不同而有所区别，只有建设单位充分认识财务管理在水利基本建设发展中的重要性，努力完善各项水利工程基本建设管理制度，以确保财务管理体系的全面、完整，才能使水利基本建设项目财务管理越来越规范。

第九节　中小型水利工程建设项目法人管理

随着近年来中小型水利工程建设在我国广大农村及偏远地区的广泛实施，在一定程度上缓解并抵御了洪涝、干旱等多种自然灾害对百姓生活财产所造成的损失，同时也提升了水资源的利用效率，避免了资源的浪费，为国家的大型水利建设事业提供了很好的补充。项目管理在工程建设中至关重要，为了增强水利工程建设项目法人对工程建设的了解，使中小型水利工程建设管理进一步规范，文章就针对中小型水利工程建设项目法人管理方面的几项要点进行以下简要的阐述。

一、完善相关的法律法规

一套完善的建设管理体系绝不是一朝一夕能完成的。这一点，虽然可以成为我们在法律法规建设道路中放慢脚步的理由，却绝对不能成为在水利建设工程管理过程中对其中操作不规范行为保持着一种懈怠或者视而不见的借口。大型的水利工程建设法律法规目前已经不断完善，这说明，国家对水利工程建设市场监管是有决心的，详尽完备的法律法规也给出了一个有力的证明。但是，必须要承认，在中小规模的水利工程建设中，至少从国家层面讲，还未形成一个卓有成效的监管体系。有很多只有在中小型水库建设中才会出现的难题，并没有得到明确的规范。一旦出现了问题，有人违规操作时，也找不到一个合理的有效的惩治办法。这样的结果就是，不单单这一次的问题无法解决，也为今后面对类似问题时的手足无措埋下了隐患。甚至可能成为一颗定时炸弹，让一些居心不良者有计划、有目的的利用这些漏洞从中获利。因此，希望制定管理体系法律法规的相关部门可以更多地关注中小型水利的建设事业，为这些相关的管理人员创造公平的、规范的工作环境，同时也保障他们的合法利益。

二、规范项目法人体制

中小型水利工程建设项目实行项目法人责任制，项目法人是项目建设的责任主体，具有独立承担民事责任的能力，对项目建设的全过程负责，对项目的质量、安全、进度和资金管理负总责，按照精简、高效、统一、规范和实行专业化管理，落实项目法人机构设置、职能职责、人员配备等。全面履行工程建设期项目法人职责。法定代表人应为专职人员，熟悉有关水利工程建设的方针、政策和法规，具有组织水利工程建设管理的经历，有比较丰富的建设管理经验和较强的组织协调能力，并参加过相应培训；技术负责人应为专职人员，具有水利专业中级以上技术职称，有比较丰富的技术管理经验和扎实的专业理论知识，参与过类似规模水利工程建设的技术管理工作，具有处理工程建设中重大技术问题的能力；财务负责人应为专职人员，熟悉有关水利工程建设经济财务管理的政策法规，具有专业技术职称和相应的从业资格，有比较丰富的经济财务管理经验，具有处理工程建设中财务审计问题的能力；人员结构合理，应有满足工程建设需要的技术、经济、财务、招标、合同管理等方面的管理人员，项目法人应有适应工程建设需要的组织机构，一般应设置综合、计划财务、工程技术、质量安全等部门，并建立完善的工程质量、安全、进度、投资、合同、档案、信息管理等方面的规章制度。

三、加强对项目法人的监督管理

建立和完善对项目法人的考核制度，建立健全激励约束机制，加强对项目法人的监督管理。对项目法人单位的管理人员进行考核，考核工作由其项目主管部门或上一级水行政主管部门负责。考核工作要遵循客观公正、民主公开、注重实绩的原则，实行结果考核与过程评价相结合、考核结果与奖惩准，重点考核工作业绩，并建立业绩档案。首先应建立一个以评价为基础，业绩为重点的评价体系，建立公平、竞争、选择优秀人员的评价机制。

四、做好精细化管理

精细化管理主要是以现代化的管理理念和管理技术为主要依据，对一些程序化、标准化、数据化和信息化的手段加以运用，对企业生产经营实行有效管控的现代管理方式，它是提高企业经济效益的根本举措，精细化管理也是企业管理和项目管理的最高境界。企业应把推进工程项目精细化管理作为提升项目管理水平和增强项目盈利能力的有效途径，要重点加强对精细化管理总体工作的统筹规划、协调推进和督导落实。

五、提高项目经理的综合素质

工程建设项目管理中所存在的一个关键人员就是工程的项目经理，由此可见，一个优秀的项目经理在工程建设的全过程中占据着举足轻重的地位，因此要想推进全过程的项目管理，就必须保证项目管理人员的素质水平。通过加强相关的技术培训，严格聘用要求等手段提高项目经理的综合素质，使项目经理能够适应不同的环境要求，做到随机应变。

六、加强物力方面的管理

在机械设备方面，需采用先进的机械设备，并聘请专业的技术人员对设备进行定期维护和检修，进而确保工程施工的顺利进行。在施工材料方面，相关部门在采购时，必须选购符合相关标准的材料；在材料进入现场时，对其进行分类保存和管理，进而保证施工材料的安全，避免因材料不达标而造成工程质量发生问题；同时相关部门还应做好施工材料的存放和管理工作，施工材料的质量好坏直接影响着工程质量的好坏。

七、做好施工阶段的质量控制

在对水利工程建设进行顺利开展的阶段中，主要应该加强对自身动态性的建设和管理，提高其在工程施工阶段的监督检查工作。对现场的施工的检查很重要。尤其是一些关键技术和关键地点的施工，应该重点的监督，并且隐蔽性项目的建设，应该在现场监督检查完一个环节后，在进行下一个环节，保证每个环节的工程的质量都是可以达到相应的标准的。

八、规范工程项目负责人的行为

在招标能够承包中小型水利工程建设的企业时，招标文件要在承包企业利润空间的基础上进行制定，避免资质过低、施工水平过低的企业因低价而中标，这就需要通过建立科学合理的评标体系，对承包企业利润空间、工程风险及其他因素进行综合考虑，选择最优秀的承包企业，进而做好招标工作，从根本上把控好工程质量。在工程的具体施工过程中，相关部门需严格审查工程施工中质量监督与管理的各方面手续，明确工程负责人的职责。

九、加强资金管理体系

在工程建设中过多地去加强管控承包方投资管控，而忽视了项目法人的资金管理和投资，没有一个合理高效的资金管理制度，项目法人管理是无法管理好一个项目投资，因此，我们要加强对资金管理重要性的认识。在中小型水利建设工程中，可能会存在因为地方财政执行力不足导致的资金不到位，监管力度不足，资金来源过于分散等原因。这些问题要政府机构根据自身情况，具体问题具体解决，首先要建立一个明晰的权责分离机制，可操作性的资金管理体系；其次要聘请专业的财务人员来管理项目资金，专项专户，专人负责；最后要让资金的使用渠道更公开、更透明，确保项目资金安全。

参考文献

[1] 葛春辉 . 钢筋混凝土沉井结构设计施工手册 [M]. 北京：中国建筑工业出版社，2004.

[2] 江正荣，朱国梁 . 简明施工计算手册 [M]. 北京：中国建筑工业出版社，1991.

[3] 刘士和 . 高速水流 [M]. 北京：科学出版社，2005：134-148.

[4] 王世夏 . 水工设计的理论和方法 [M]. 北京：中国水利水电出版社，2000：117-135.

[5] 梁醒培 . 基于有限元法的结构优化设计 [M]. 北京：清华大学出版社，2010

[6] 朱伯芳 . 有限元素法基本原理和应用 [M]. 北京：水利电力出版社，1998.

[7] 施熙灿 . 水利工程经济学 [M]. 北京：中国水利水电出版社，2010.

[8] 李艳玲，张光科 . 水利工程经济 [M]. 北京：中国水利水电出版社，2011.

[9] 王建武，陈永华，等 . 水利工程信息化建设与管理 [M]. 北京：科学出版社，2004.

[10] 任鹏 . 对水利工程施工管理优化策略的浅析 [J]. 工程技术：全文版，2017，13（01）：66.

[11] 赖娜 . 浅析水利机电设备安装与施工管理优化策略 [J]. 建筑工程技术与设计，2016，13（26）：165-165.

[12] 陈建彬 . 对水利工程施工管理优化策略的分析 [J]. 中国市场，2016，12（04）：131-132.

[13] 王翔 . 对水利工程施工管理优化策略的分析探讨 [J]. 工程技术：文摘版，2016，8（10）：101.

[14] 屠波，王玲玲 . 对水利工程施工管理优化策略的分析研究 [J]. 工程技术：文摘版，2016，9（10）：93.

[15] 李益超 . 浅谈水利工程招投标工作的重要性和管理途径 [J]. 河南水利与南水北调，2014，33（6）：81-83

[16] 刘建华，邓策徽 . 农业综合开发水利工程项目的建设管理探究 [J]. 黑龙江水利科技，2016，44（11）：167-169.

[17] 舒亮亮 . 水利工程招标投标管理研究 [J]. 水利发展研究，2016，12（2）：64-68.

[18] 郑修军 . 水利水电工程招标管理问题及对策 [J]. 工程建设与设计，2013，11（3）：126-128.

[19] 李风，姜威，张洪玉 . 水工金属结构热喷涂锌钊防腐工艺实践分析 [J]. 黑龙江水

利科技，2014，36（2）：188.

[20] 海乐，苏燕．径流式水电站工程的技术及设计创新 [J]. 水利水电快报，2010，31（3）：33-34，41.